機械学習と深層学習

マシンラーニング　　　ディープラーニング

Machine Learning と Deep Learning

《C言語によるシミュレーション》

小高知宏 [著]
Odaka Tomohiro

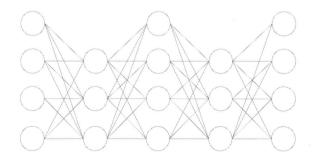

Ohmsha

本書に掲載されている会社名・製品名は、一般に各社の登録商標または商標です。

本書を発行するにあたって、内容に誤りのないようできる限りの注意を払いましたが、本書の内容を適用した結果生じたこと、また、適用できなかった結果について、著者、出版社とも一切の責任を負いませんのでご了承ください。

本書は、「著作権法」によって、著作権等の権利が保護されている著作物です。本書の複製権・翻訳権・上映権・譲渡権・公衆送信権（送信可能化権を含む）は著作権者が保有しています。本書の全部または一部につき、無断で転載、複写複製、電子的装置への入力等をされると、著作権等の権利侵害となる場合があります。また、代行業者等の第三者によるスキャンやデジタル化は、たとえ個人や家庭内での利用であっても著作権法上認められておりませんので、ご注意ください。

本書の無断複写は、著作権法上の制限事項を除き、禁じられています。本書の複写複製を希望される場合は、そのつど事前に下記へ連絡して許諾を得てください。

(社)出版者著作権管理機構
(電話 03-3513-6969, FAX 03-3513-6979, e-mail : info@jcopy.or.jp)

JCOPY <(社)出版者著作権管理機構 委託出版物>

まえがき

　現在、人工知能研究が非常に脚光を浴びています。その中で研究の一つの柱となっているのが、深層学習（Deep Learning）の技術です。深層学習は、人工知能研究においてこれまで積み重ねられてきた機械学習の成果であり、特に音声認識や画像認識、あるいは行動知識獲得などで大きな成功を収めています。

　本書では、人工知能研究における機械学習の諸分野をわかりやすく解説し、それらの知識を前提として深層学習とは何かを示します。単に概念を羅列するのではなく、具体的な処理手続きやプログラム例を適宜示すことで、これらの技術がどのようなものなのかを具体的に理解できるように紹介していきます。

　本書では、機械学習と深層学習に関わる技術を、例題プログラムを通して具体的に説明します。本来、深層学習のプログラム実行には膨大な計算機パワーを必要とします。しかし本書の例題プログラムでは、処理の骨格部分のみを取り上げるなどの工夫をしてあるので、普通のパーソナルコンピュータで実行することが可能です。動作環境としてWindowsを仮定し、Visual Studio等の開発ツールを用いてプログラムをコンパイルして適当なデータを与えることで、例題プログラムを動作させることができます。プログラムの動作を試すことで、機械学習や深層学習に関する、具体的でより深い理解を得ることができるでしょう。

　本書は、先にオーム社より刊行されている『はじめての機械学習』の姉妹編にあたります。『はじめての機械学習』では、機械学習にまつわる話題を幅広く扱いました。これに対して本書では、深層学習をキーワードとして、ある程度絞った内容を扱っています。話題として重なる部分もありますが、本書の説明や例題構成は、深層学習の理解を念頭に置いたオリジナルの内容となっています。

　本書の実現にあたっては、著者の所属する福井大学での教育研究活動を通じて得た経験が極めて重要でした。この機会を与えてくださった福井大学の教職員と学生の皆様に感謝いたします。また、本書実現の機会を与えてくださったオーム社の皆様にも改めて感謝いたします。最後に、執筆を支えてくれた家族（洋子、研太郎、桃子、優）にも感謝したいと思います。

2016年4月

小高 知宏

目　次

まえがき iii

第1章　機械学習とは　　1

1.1　機械学習とは 2
- **1.1.1**　深層学習の成果 2
- **1.1.2**　学習と機械学習・深層学習 7
- **1.1.3**　機械学習の分類 11
- **1.1.4**　深層学習に至る機械学習の歴史 17

1.2　本書例題プログラムの実行環境について 28
- **1.2.1**　プログラム実行までの流れ 28
- **1.2.2**　プログラム実行の実際 30

第2章　機械学習の基礎　　35

2.1　帰納学習 36
- **2.1.1**　演繹的学習と帰納的学習 36
- **2.1.2**　帰納的学習の例題―株価の予想― 37
- **2.1.3**　帰納学習による株価予想プログラム 42

2.2　強化学習 52
- **2.2.1**　強化学習とは 52
- **2.2.2**　Q学習―強化学習の具体的方法― 56
- **2.2.3**　強化学習の例題設定―迷路抜け知識の学習― 61
- **2.2.4**　強化学習のプログラムによる実現 64

第3章 群知能と進化的手法　　75

3.1 群知能 76
3.1.1 粒子群最適化法 76
3.1.2 蟻コロニー最適化法 78
3.1.3 蟻コロニー最適化法の実際 81

3.2 進化的手法 94
3.2.1 進化的手法とは 94
3.2.2 遺伝的アルゴリズムによる知識獲得 97

第4章 ニューラルネット　　115

4.1 ニューラルネットワークの基礎 116
4.1.1 人工ニューロンのモデル 116
4.1.2 ニューラルネットと学習 120
4.1.3 ニューラルネットの種類 123
4.1.4 人工ニューロンの計算方法 124
4.1.5 ニューラルネットの計算方法 131

4.2 バックプロパゲーションによるニューラルネットの学習 139
4.2.1 パーセプトロンの学習手続き 139
4.2.2 バックプロパゲーションの処理手続き 142
4.2.3 バックプロパゲーションの実際 143

第5章 深層学習　　159

5.1 深層学習とは 160
5.1.1 従来のニューラルネットの限界と深層学習のアイデア 160
5.1.2 畳み込みニューラルネット 164
5.1.3 自己符号化器を用いる学習手法 167

5.2 深層学習の実際 170
5.2.1 畳み込み演算の実現 170
5.2.2 畳み込みニューラルネットの実現 179
5.2.3 自己符号化器の実現 196

付 録　209

A　荷物の重量と価値を生成するプログラム　kpdatagen.c 210
B　ナップサック問題を全数探索で解くプログラム　direct.c 211

参考文献 215
索　引 217

【プログラムファイルのダウンロードについて】

　オーム社ホームページの［書籍連動／ダウンロードサービス］では、本書で取り上げたプログラムとデータファイルを圧縮ファイル形式で提供しています。

　　　　　http://www2.ohmsha.co.jp/data/link/978-4-274-21887-3/

より圧縮ファイル（978-4-274-21887-3.zip；約24KB）をダウンロードし、解凍（フォルダ付き）してご利用ください。

注意

・本ファイルは、本書をお買い求めになった方のみご利用いただけます。本書をよくお読みのうえ、ご利用ください。また、本ファイルの著作権は、本書の著作者である、小高知宏氏に帰属します。

・本ファイルを利用したことによる直接あるいは間接的な損害に関して、著作者およびオーム社は一切の責任を負いかねます。利用は利用者個人の責任において行ってください。

第**1**章

機械学習とは

　この章では、機械学習とは何か、また、機械学習の一種である深層学習とは何なのかについて説明します。はじめに、近年注目されている深層学習の成果を取り上げ、深層学習の技術がなぜ重要視されるのかを説明します。次に、学習とはなにか、あるいは機械学習や深層学習は何をする技術なのかに触れ、これまでの機械学習研究の歴史を概説します。最後に、本書の例題プログラムの実行方法を説明します。

1.1 機械学習とは

本節では、深層学習がどんなことをなし得るのかを、いくつかの研究実例に基づいて概説します（なお、本節で紹介した深層学習システムの具体的な実現技術については、第5章で改めて説明します）。

1.1.1 深層学習の成果

近年、**深層学習（ディープ・ラーニング、deep learning）** の技術が注目を集めています。深層学習が注目されているのは、深層学習の手法を用いると、従来の機械学習システムでは不可能だった知的処理を実現できる場合があることが示されたからです。

表1.1に、深層学習により実現された知的処理システムの例を示します。

■表1.1　深層学習により実現された知的処理システムの例

番号	システム名	関連論文	説明
1	DQN (Deep Q-Network)	Volodymyr Mnih他：Human-level control through deep reinforcement learning, Nature, Vol.518, pp.529-533(2015).	ゲーム画面を入力とし、ゲームコントローラの操作を出力とするシステムを取りあげ、高スコアを得るような制御方法を深層学習により獲得した例を示した
2	ConvNet VGG	Karen Simonyan, Andrew Zisserman: VERY DEEP CONVOLUTIONAL NETWORKS FOR LARGE-SCALE IMAGE RECOGNITION, ICLR 2015(2015).	深層学習の手法の一種である畳み込みニューラルネット（convolutional neural network、CNN）を用いて画像認識を行い、標準例題に対して他の手法では不可能であるレベルの認識性能を示した
3	CD-DNN-HMM	Frank Seide, Gang Li, Dong Yu: Conversational Speech Transcription Using Context-Dependent Deep Neural Networks, INTERSPEECH 2011, pp.437-440(2011).	音声認識に深層学習を用いた初期の研究であり、音声認識に対する深層学習の有効性を示した

表1.1の1番目に示した**DQN (Deep Q-Network)** は、深層学習を用いた学習システムが、人間を超える能力を発揮しうる場合があることを示した研究例です。

この研究で対象とした制御システムは、入力として昔風のテレビゲーム（ビデオゲーム）のゲーム画面を読み込み、画面の様子に合わせてゲームパッドの操作を出

力します。つまりこの制御システムは、テレビゲームをプレイするコンピュータプレイヤーです。対象とするゲームは、ピンボールやブロック崩し、ピンポン、それにオールドファンには懐かしい『クレイジークライマー[*1]』や『ロードランナー[*2]』など、往年の名作ゲームです。これらのゲームは、画面の状態に合わせてコントローラーを操作することでプレイできますから、制御システムは画面そのものを入力として、ジョイスティックの上下左右やボタンを押すなどのコントローラーの制御信号を出力します。

こうした制御システムを設計することは大変困難な問題です。これまでの人工知能研究における機械学習の技術では、こうした制御システムを構成して人間のように学習をさせることは非常に難しいことでした。実際、そのような研究成果の報告はこれまでありませんでした。

これに対して、この研究では、DQN（Deep Q-Network）という、新しい深層学習の手法を用いて制御システムを構成しました。DQNはゲームの得点を手がかりとして、システムが自動的によりよいコントローラー操作を学習していきます。この過程は自動的であり、人間が操作を調整するといったことは一切行いません。この意味でDQNは、画面を見てコントローラーの操作を学ぶという、人間の行う学習と同様の処理を行ったことになります（**図1.1**）。

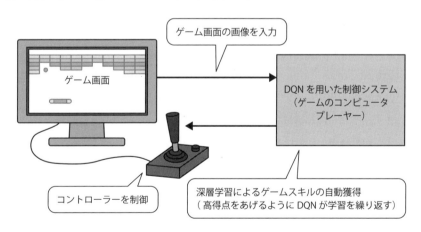

■ 図1.1　DQNによるテレビゲームの学習

[*1] 1980年に日本物産から発売された、縦スクロールのアクションゲーム。
[*2] 1983年にブローダーバンドから発売された、アクションパズルゲーム。

DQNは学習の結果として、いくつかのゲームについては人間を凌駕するコントローラーさばきを習得することに成功しました。論文によると、DQNが最もよい性能を示したのは『Video Pinball[*3]』ゲームだったそうです。表1.1に示した論文タイトルの冒頭には「人間レベルの制御 (Human-level control)」とありますが、ゲームの種類によっては人間を超える能力を獲得しています。

　このように、深層学習の一つの具体例であるDQNでは、画面を見てゲームプレーを学習するという、知的で人間的な処理を行っています。しかもその結果として、人間を超えるゲームスキルを獲得したのです。このことは、深層学習が「人間のように」学習して人間を超える能力を獲得する潜在性を示しているように思えます。

　DQNが使っている技術は、従来の機械学習でも主要な技術の一つとして用いられている**強化学習（Reinforcement Learning）**の技術に、深層学習の技術を組み合わせたものです。深層学習の技術としては、深層学習の中心的技術である**畳み込みニューラルネット（Convolutional Neural Network：CNN）**を用いています（これらの技術の詳細については、改めて説明します）。

　さて、表1.1の2番目の例は、画像の識別に関する深層学習の研究成果例です。この研究では、畳み込みニューラルネットを利用した**画像認識**に関する深層学習システムを用いて、入力された写真に何が写っているのかを判別するシステムを構成しています。

　対象としている例題は、「The ImageNet Large Scale Visual Recognition Challenge (ILSVRC)」という、機械学習による画像処理の国際的な学術コンテストで提供されている写真画像データです。この画像データは大量の枚数の写真から成り立っています。それらの写真には、トラやライオンといった動物や、自動車や飛行機、戦車などの乗り物、コンピュータや工具などの道具、赤ワインやキノコといったさまざまなものが写っています。これらをプログラムが読み取って、自動的に1000のカテゴリに種類分けするようなシステムを構成するのが、この研究の目標です。

　こうした、画像に何が写っているのかを認識する課題は、人間にとっては比較的容易なのですが、コンピュータソフトウェアにとっては困難な課題とされています。この例題に含まれる画像は、比較的容易に認識できそうな画像もありますが、中には人間が見ても「はてな？」と思うような認識の難しい画像も含まれています。

[*3] 1979年にアタリから発売された、ピンボールゲーム。

人工知能分野ではさまざまな機械学習の手法が提案されていますが、画像を認識して分類する問題はどのような方法をとっても困難です。

これに対して、近年、深層学習の技術を使うと従来は達成し得なかった精度で画像の分類が可能であることが示されています。表1.1の2番目の例もその一つであり、畳み込みニューラルネットが従来の機械学習における手法の限界を超える処理を行うことができることが示されています。この例では、入力画像は縦横224ピクセルのRGB画像であり、出力は1000のカテゴリのいずれに画像が属するかを表す信号です。この例でも、先のDQNの場合と同様に、生の画像そのものを入力として、深層学習のシステムが画像の判別を学習します（**図1.2**）。

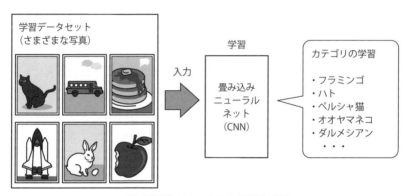

(1) 学習データセットによる識別の学習

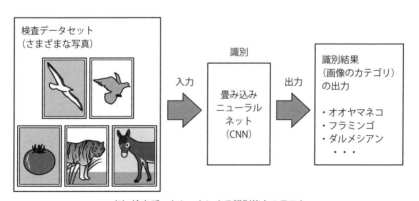

(2) 検査データセットによる識別能力のテスト

■図1.2　畳み込みニューラルネットによる画像の識別

学習にあたっては、ある写真と、それが所属するカテゴリの正解が明示されたデータセットを用います。このように、ある入力に対する正解が与えられて、それを間違えないように学ぶことを**教師あり学習（Supervised learning）**と呼びます。また、正解のわかっているデータの集合を**学習データセット**あるいは**トレーニングデータセット（training dataset）**と呼びます。この例では、大量の学習データで構成された学習データセットを用いて、画像の判別を自動的に学習しています。

　学習が終了したら、今度はテスト用のデータを与えて、どの程度正解が得られたかを調べます。このようなデータセットを**検査データセット**あるいは**テストデータセット（test dataset）**と呼びます。この研究では、深層学習の技術を用いて学習を進めた結果、他の学習方法と比較して検査デーセットに対する識別精度がより向上したことが示されました。

　深層学習を用いた画層認識に関する研究は活発であり、この研究以外にもさまざまな成果が報告されています。これは、深層学習を用いることで、従来はコンピュータにとって苦手とされていた画像認識の技術を大きく発展させることができ、いわば「人間のように」画像を扱う技術が実現できることへの期待によるものと思われます。

　以上の2例は画像の認識に関する深層学習の適用例でしたが、表1.1の最後の例は、音声認識に深層学習を適用した研究例です。この研究では、電話の音声を認識して文字に変換する音声認識システムを構成する際に、深層学習の技術を利用しています（**図1.3**）。

　音声認識は画像認識と同様に、機械学習研究の中でも古くから取り組まれている研究課題です。近年、雑音が少ない条件のよい環境における音声認識は、実用的に用いられる段階に達しています。しかし対象が電話音声のような雑音の多く音質の悪い場合には、その内容を認識して文字変換することは大変難しい問題として残されていました。このような条件下で、この研究では深層学習の手法を用いた音声認識システムを構成することで、従来の方法では達成できなかったレベルでの認識精度を達成しています。この研究は、音声認識システムの技術的発展に寄与するだけでなく、深層学習がさまざまな分野に適用可能な汎用的な学習手法であることを示したという意味も持っています。

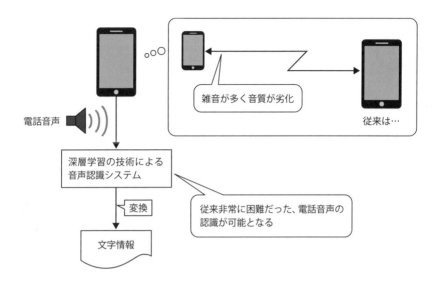

■図1.3 音声認識システムへの深層学習の適用

1.1.2 学習と機械学習・深層学習

深層学習は、機械学習のさまざまな領域の研究に対して大きな影響を与えています。ここで、学習と機械学習全般について概説し、深層学習をその中に位置づけましょう。

はじめに、そもそも学習とは何をすることなのでしょうか。私達の生活の中でも、学習という言葉は日常的に使われます。学校で勉強をすることは典型的な学習の形態ですし、スポーツや音楽の練習をして技能を習得することも学習の一例です。学ぶ、あるいは習うということを明確にしないような学習もあります。道具の使い方に慣れたり、持ち物が手になじむなどというのは、暗黙的な学習の成果でしょう（**図1.4**）。日常の生活の中でのちょっとした行動も、それを繰り返すうちに何となく上達していきます。これも学習の結果です。

■図 1.4 学習のさまざまな側面

　学習は、人間に固有の行動というわけではありません。動物も学習します。人間の学習と同様、動物の行う学習についても、心理学の諸分野においてさまざまな研究がなされています。

　これらのいずれの場合でも、学習によって知識が蓄積したり新たな技能を習得したり、あるいは経験が豊かになるなど、学習者の内部状態が変化します。一般に、この変化は学習者が外部環境により適合する方向に発現します。その結果として、対処すべき別の新たな問題が与えられた際に、より巧妙に問題に対応できるようになります。このような変化を生じさせる過程を、一般に**学習**と呼びます。

　機械学習では、機械、すなわちコンピュータプログラムが学習を行います。この場合の学習も、生き物が行う学習と同様にとらえることができます。すなわち、コンピュータプログラムが外界と相互作用し、その結果に応じて内部状態を変更する過程を、**機械学習**と呼びます（**図 1.5**）。

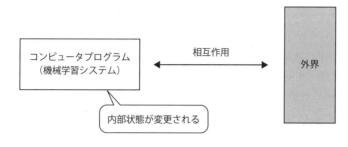

■ 図 1.5　機械学習

このようなとらえ方をすると、機械学習は非常に幅の広い対象を含んだ概念となります。非常に単純な機械学習の実例として、日本語入力システムの変換候補表示機能における学習システムがあります。これは、ローマ字やかなで入力された日本語の文字列を、かな漢字交じりの表記に変換するシステムです。この過程で、ある入力文字列に対して複数の漢字変換候補がある場合には、変換システムは候補に序列を付けて表示します。学習システムの役割は、過去に行った変換過程を記憶しておくことで、適切な候補を序列の上位に表示させることです（**図 1.6**）。

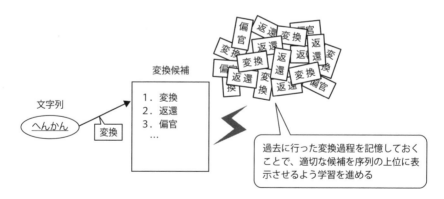

■ 図 1.6　かな漢字変換システムにおける機械学習

この機械学習システムは、単に過去の変換結果を暗記しているに過ぎないのですが、これはこれで便利なシステムです。その動作は、人間という外界と相互作用し、その結果に応じて変換候補の序列という内部状態を変更して、よりよく外界と相互作用しようとしているととらえることができます。この意味で、このシステムは機械学習システムです。

このレベルの機械学習システムは、さまざまな装置に組み込まれています。しかし、学習において重要な**汎化（generalization）**の能力が欠けている点で、かな漢字変換システムにおける候補序列の学習のような事例は、ごく単純な学習と言わざるを得ません。

汎化とは、学習によって得た知識や経験を一般化することです。汎化により、それまでの学習における経験とは異なる新たな状況に対しても、適切に対応することができるようになります。

人間が学校で学ぶ学習過程では、学校で学んだことをもとにして、学んだこととは少し異なるような問題や状況に対しても答えを導くことができるようになります。たとえば数学では、学習過程では限られた数の練習問題しか解く機会はありませんが、それらの学習経験を汎化することにより、初めて見る問題でも解けるようになります。国語の文章読解等でも、学習結果を汎化することによって、初めて読む文章でもその内容を的確に把握できるようになります。こうした「一を聞いて十を知る」ような汎化の能力は、学習の効率と価値を非常に高めるものです。

先に示した深層学習の例でも、学習の汎化が実現されています。たとえばDQNは、ある時点までの学習結果を汎化することにより、未知のゲーム局面にも対応しています。CNNによる画像認識の例では、例題として与えられた写真と異なる検査データの写真についても、学習結果を汎化することで分類を行うことができます。音声認識についても同様のことがいえます。多くの機械学習システムでは、単に過去の事例を暗記するだけでなく、汎化によって未知の状況にも対応できるようにシステムを構成しています（**図1.7**）。

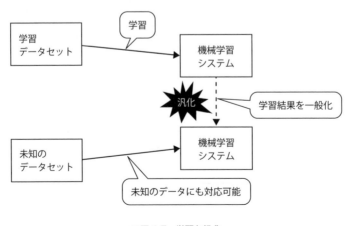

■図1.7　学習と汎化

1.1.3 機械学習の分類

さて、機械学習と一口に言っても、さまざまな手法があります。ここで、機械学習の代表的な手法をいくつか紹介し、その中に深層学習を位置づけてみましょう。

機械学習は、さまざまな観点から分類することができます。一つの観点は、学習が記号処理に基づくものか、あるいは統計的処理に基づくものかによる分類です（**表1.2**）。

■ 表1.2　機械学習手法の分類（処理の原理に基づく分類）

分類	説明	例
記号処理	記号処理・記号操作の技術を基礎とした学習手法	帰納学習 教示学習 進化的計算　など
統計的処理	学習データを確率的なデータであると仮定し、これに主として数学的な処理を施すことで学習を進める	統計的手法（回帰分析、クラスタ分析、主成分分析等） ニューラルネットワーク 深層学習　など

記号処理に基づく機械学習の好例は、近年これも注目されている**ビッグデータ（big data）**からの**テキストマイニング（text mining）**でしょう。ビッグデータは、普通のPCのディスク装置には格納しきれないような大量のデータであり、主としてインターネット上に日々蓄積され続けているようなデータです。また、テキストマイニングとは、大規模な文書データを機械学習によって処理することで、文書に含まれる知識を抽出する処理のことを言います（**図1.8**）。

ここでは、テキストデータを記号処理し、その結果をこれも記号の操作によって分類分析することで機械学習を行います。これらの処理は、人工知能技術におけるテキスト処理や自然言語処理、あるいは推論や知識表現などの、記号処理に基づく技術が用いられています（これらの技術に基づいた記号処理的機械学習については、第2章で改めて説明します）。

■図1.8　テキストマイニングによる知識獲得

　進化的計算（evolutionary computation）と呼ばれるカテゴリの機械学習手法では、記号操作を中心とした処理を行います。進化的計算は生物進化に着想を得た機械学習の手法であり、生物の持つ遺伝の仕組みを記号処理により実現した学習方法です（進化的計算については、第3章で改めて説明します）。

　統計的処理に基づく機械学習では、入力は誤差や雑音を伴う確率的なデータであると仮定し、これに主として数学的な処理を施すことで学習を進めます。統計学における推定はその古典的な事例です。

　また、生物の神経細胞の回路をモデル化した**人工ニューラルネットワーク（Artificial Neural Network：ANN）**も、統計的処理に基づく機械学習の一例です。人工ニューラルネットワークは、この分野では単に**ニューラルネット（neural network）**とも呼びます。

　ニューラルネットは、神経細胞のモデルである**人工ニューロン（artificial neuron：ニューロ素子**あるいは**ニューロセル**とも呼ぶ）を相互結合したネットワークです。人工ニューロンは複数の入力を受け取り、一定の処理を施した上で処理結果を出力します。この処理は比較的単純なものです。基本的には、各入力の値に対して入力ごとに決められた係数を掛けて、すべてを足し合わせます。次に、加算結果を適当な関数に与え、その関数の計算結果をニューロンの出力とします。この挙動は、生物の神経細胞の動作にヒントを得たものです（**図1.9**(1)）。

　ニューラルネットでは、ある決まりに従って複数の人工ニューロンを結合し、全体として、入力信号に対する出力信号を生成します（図1.9(2)）。この時、特定の入力信号に対してある出力信号が得られるようにネットワークを調整することを、

ニューラルネットにおける学習と呼びます（ニューラルネットについては第4章で改めて説明します）。

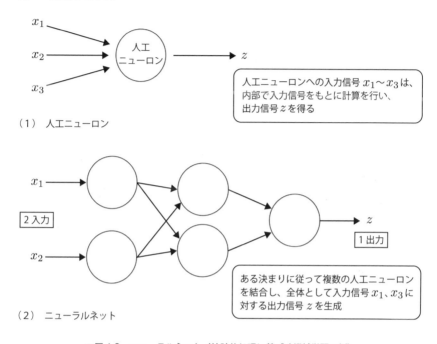

（1）人工ニューロン

人工ニューロンへの入力信号 x_1〜x_3 は、内部で入力信号をもとに計算を行い、出力信号 z を得る

（2）ニューラルネット

ある決まりに従って複数の人工ニューロンを結合し、全体として入力信号 x_1、x_3 に対する出力信号 z を生成

■図1.9　ニューラルネット（統計的処理に基づく機械学習の例）

なお、これらの分類は、その手法の原理に基づくものであり、対象とする問題を限定するものではありません。たとえば統計的処理手法の一種であるニューラルネットワークで記号処理を行うことも可能ですし、逆に、記号処理に基づく進化的計算で統計的な処理を行うことも可能です。

さて、本書で扱う深層学習は、実はニューラルネットの一種です。たとえば先に示した例にあるCNNは、生物の視覚神経系で観察される形式を持った大規模なニューラルネットです。従来、大規模なニューラルネットは実現が困難だったのですが（**図1.10** (1)）、近年のニューラルネット研究の結果から新たな実現技術が生まれてきました（図1.10 (2)）。これを利用したのが深層学習です。

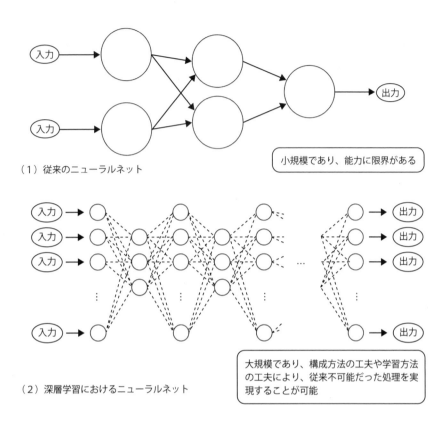

■ 図1.10　深層学習とニューラルネット

深層学習はニューラルネット技術の延長線上にある技術で、現在さまざまな角度から研究が進められている技術です（深層学習の技術については、第5章で改めて説明します）。

　機械学習手法の分類における別の観点として、学習の方法に基づく分類があります。**表1.3**に学習方法に基づく分類を示します。

■ 表1.3　機械学習手法の分類（学習方法に基づく分類）

分類	説明	例
教師あり学習	ある事例とそれに対する正解がペアで与えられて、学習項目の一つひとつについて先生から教えを受けるような学習	画像認識 音声認識
教師なし学習	正解不正解を先生に教えてもらうのではなく、与えられた学習データを機械学習システム自身が判断することで学ぶ学習	入力データの自動分類
強化学習	一つひとつの事項についての正解不正解は与えられないが、最後の結果評価のみが与えられる環境での学習	Q学習 DQN

表1.3で、教師あり学習は、畳み込みニューラルネットによる画像識別の例で説明したように、ある事例とそれに対する正解がペアで与えられて、学習項目の一つひとつについて先生から教えを受けるような学習です。多くの機械学習は教師あり学習の学習方法をとっています。

教師なし学習は、正解不正解を先生に教えてもらうのではなく、与えられた学習データを機械学習システム自身が判断することで学んでいきます。たとえば、大規模なデータを与えられて、それらをいくつかのカテゴリに分類する学習問題を考えます。この時、分類カテゴリを先生に教えてもらうのではなく、学習システム自身が適当に分類カテゴリを作って分類するような学習が教師なし学習です。以下にその概念図を示します（**図1.11**）。

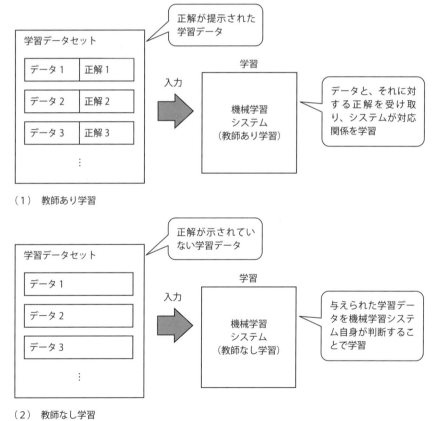

（1）教師あり学習

（2）教師なし学習

■図1.11　教師あり学習と教師なし学習

教師なし学習では、学習システム自身が自動的に基準を獲得しますが、そのためにはあらかじめ学習システム内部に何らかの原則が存在しなければなりません。たとえば分類の学習であれば、どういった特徴をとらえてカテゴリを形成するかについての原則が必要です。したがって、教師なし学習では、学習システム自体に天下り的に学習の原則が組み込まれている必要があります。教師なし学習は、一部のニューラルネットを用いると実現できます（教師なし学習については、第4章で改めて説明します）。

機械学習の三つ目のカテゴリは、強化学習と呼ばれる学習手法です（**図1.12**）。強化学習が扱う学習環境では、学習対象の個々の事例における正解不正解は教えてもらえません。しかし、複数の事例に対応した出力を強化学習システムが答えると、最終的な判定として、それらの出力系列全体がよかったか悪かったかを知ることができます。強化学習では、こうした最後の結果評価に従って学習を進めることができます。

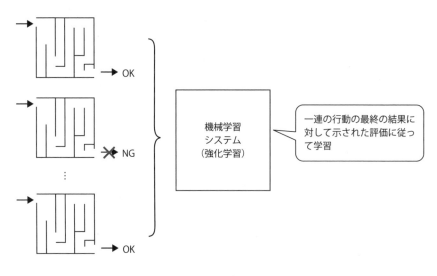

■図1.12　強化学習

強化学習は、たとえば移動ロボットが一連の動作の結果として望んだ位置に到達できたかどうかとか、ゲームにおける一連の着手の結果としてゲームに勝ったかどうかなど、ある系列の最後に評価が得られるような対象についての学習に適した手法です。この場合、一つひとつのロボットの動作やゲーム着手の評価は得ら

れず、最後の結果だけから一連の操作が適切だったかどうかがわかります。強化学習の枠組みに従うと、こうした状況でも機械学習を進めることが可能です。

強化学習の実現例に、Q学習と呼ばれる手法があります。本章冒頭で述べたDQNでは、Q学習のしくみを学習過程に含んでいます。DQNはゲームの結果からゲームコントローラの操作を学習するシステムですから、強化学習の手法を適用することに適しています（強化学習については、第2章で改めて説明します）。

1.1.4 深層学習に至る機械学習の歴史

ここまで述べてきたように、深層学習の技術は、ある日突然独立に誕生した技術ではありません。それどころか、深層学習に至る機械学習の研究には、半世紀以上の歴史があります。そこで本節では、機械学習の歴史を振り返り、深層学習が生まれてきた過程を示します。

①チューリングと機械学習

機械学習の歴史の最初に登場するのは、イギリスの数学者であり、初期の計算機科学者でもある**アラン・チューリング**（A. M. Turing）です。計算機科学者としてのチューリングは、計算理論の基礎となる**チューリングマシン（Turing Machine）**の概念を示したことや、ここで紹介する論文において人工知能と機械学習の可能性を論じたことなどで有名です。

チューリングは、1950年にMIND誌に掲載した論文『COMPUTING MACHINERY AND INTELLIGENCE』の中で、コンピュータと知性の関係を考察した、いわゆるチューリングテストの概念を提唱しました。**図1.13**に、いわゆるチューリングテストの内容を示します。

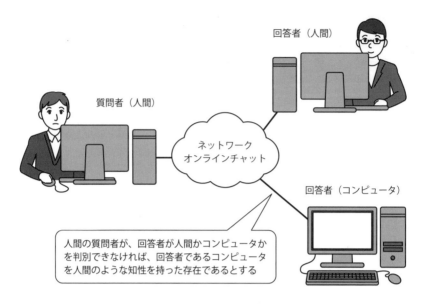

■図1.13　チューリングテスト

　チューリングテストは、コンピュータが知性を有するかどうかを判定するためのテストです。図にあるように、オンラインチャットのような文字だけを使った対話を行った際、相手が人間かコンピュータかを判別できなければ、相手を人間のような知性を持った存在であるとするのがチューリングテストの概要です。

　チューリングがこの論文の中で、コンピュータプログラムによる機械学習は、チューリングテストに合格するような知的なコンピュータプログラムを作成する際に重要な技術となると指摘しています。この論文の第7章は「Learning Machines（学習する機械）」というタイトルが与えられ、その中には次のような表現が表れます。

"Instead of trying to produce a programme to simulate the adult mind, why not rather try to produce one which simulates the child's ? If this were then subjected to an appropriate course of education one would obtain the adult brain."

（A.M Turing: COMPUTING MACHINERY AND INTELLIGENCE, MIND, Vol. LIX , No. 236, p.456 (1950)　1行目〜4行目より引用）

ここでチューリングは、成人の心をシミュレートするプログラムを作る代わりに、子どもの心を持ったプログラムを作って、これを学習させればよいと主張しています。このように、すでに1950年から、学習する機械のアイデアが、人工知能の文脈で語られています。

②ダートマス会議

ダートマス会議（The Dartmouth summer research project on artificial intelligence）は、1956年夏にダートマス大学で開催された、計算機科学と人工知能に関するセミナーです。このセミナーは、当時新進気鋭のコンピュータ科学者であった**ジョン・マッカーシー**（J. McCarthy）や**マーヴィン・ミンスキー**（M. L. Minsky）らが企画した学術セミナーであり、発起人には、情報理論で有名な**クロード・シャノン**（C.E. Shannon）の名前も見受けられます。

ダートマス会議開催の前年の1955年に、会議の企画書が作成されています。この企画書のタイトルに、歴史上初めて「ARTIFICIAL INTELLIGENCE」、すなわち人工知能（Artificial Intelligence：AI）という言葉が使われています。

さて、この企画書の冒頭には、機械学習に関する下記のような記述があります。

> "The study is to proceed on the basis of the conjecture that every aspect of learning or any other feature of intelligence can in principle be so precisely described that a machine can be made to simulate it."
>
> （J. McCarthy, M. L. Minsky, C.E. Shannon 他：A PROPOSAL FOR THE DARTMOUTH SUMMER RESEARCH PROJECT ON ARTIFICIAL INTELLIGENCE (1955). 冒頭より引用）

ここでは、学習とその他の知能に関連するさまざまな特徴の様相は、原理的には、計算機プログラムによってシミュレートできる形式で書き下すことができる、という主張が示されています。これは、機械学習が実現可能である、という主張に他なりません。そして、セミナーで扱う項目として、自然言語処理や計算理論などと並んで、ニューラルネットワーク（企画書では「Neuron Nets」と記述されています）が挙げられています。こうしたことから、ダートマス会議は、現在の深層学習を生み出す研究の源流となっているように思われます。

③ゲームの機械学習

ダートマス会議以降、人工知能や機械学習の研究は大きな盛り上がりを見せます。その中で機械学習の先駆け的な研究事例として、チェッカーの研究があります。これは、IBMの計算機科学者だった**アーサー・サミュエル**（A.L. Samuel）によるもので、1950年代から1970年代にかけて研究が進められました。

チェッカーは、チェス盤とチェッカー用のコマを使って、二人で交互にコマを動かすことでゲームを進めるボードゲームです（**図1.14**）。チェスや将棋、あるいは囲碁などの場合と同様に、チェッカーではゲーム盤の情報は二人のプレイヤーが完全に把握することができます。また、サイコロやルーレットを使うゲームと異なり、偶然の要素はありません。この意味で、チェッカーやチェスは、すごろくや麻雀と異なり、プレイヤーの実力がそのまま勝敗に直結するゲームです。そこで、こうしたゲームを研究の題材として取り上げることで、機械学習による知的能力獲得の研究が進められたのです。

サミュエルのチェッカーに関する研究では、コンピュータプレイヤーの実力を向上させるために、機械学習の概念が取り入れられました。そこでは、対局の過程のデータや棋譜データの読み込みなどにより学習を進められました。この研究は、機械学習の最も初期の研究例です。

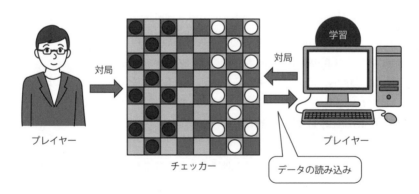

■図1.14　コンピュータプレイヤーへの機械学習の適用

ボードゲームのプレイヤーに対する機械学習の適用は、この研究の後にも検討が進められます。その結果コンピュータプレイヤーの実力は着実に向上し、たとえばチェスのコンピュータプレイヤーは、1997年に人間のチェスチャンピオンを打ち負かすほどになりました。当時のチャンピオンであるカスパロフに勝ったのは、

ディープブルーというチェス専用コンピュータです。

さらに近年においては、将棋のコンピュータプレイヤーも、将棋のトップ棋士を負かすほどの実力を備えるまでに至っています。コンピュータにとって難問だった囲碁についても、世界トップレベルのプロ棋士に勝ち越すほどの棋力を持ったプログラムが開発されています。

④概念の学習・自然言語処理への機械学習の応用

1970年代から80年代にかけては、記号処理的な学習を実装するさまざまなシステムが提案されています。たとえば**パトリック・ウィンストン**（P. Winston）は、**ARCH**という機械学習システムにおいて、積み木の世界を題材として、機械学習による概念獲得の方法を示しています。このシステムでは、積み木を組み立てて作った構造物の実例からなる学習データセットから、構造物の特徴を帰納的に学習します。

機械学習は、自然言語処理分野でも活用されています。特に近年では、インターネットの発展やコンピュータで処理できる自然言語ドキュメントの増加により、自然言語のデータ源が豊富になっています。そこで、そうした自然言語データを大量に集めて、機械学習によって自然言語処理に必要な知識を抽出するテキストマイニングがさかんに行われています（**図1.15**）。

■図1.15　自然言語処理への機械学習の応用

⑤進化的計算

機械学習の手法の一つに、生物の進化を模倣することで知識を獲得する枠組みである進化的計算（evolutionary computation）があります。進化的計算では、ある問題の解を符号化して表現します。符号化された解を、**染色体**（chromosome）と呼びます。進化的計算の枠組みでは、一般に複数の染色体を用います。そして、複数の染色体に対して**交叉**（crossover）や**突然変異**（mutation）などの遺伝的

操作を加えることで、より環境に適合した染色体、すなわちよりよい解を表現する染色体を得ます。

進化的計算に関数研究の歴史は古く、たとえば、1970年代には進化的計算の代表例である**遺伝的アルゴリズム（Genetic Algorithm：GA）**が**ホランド（J. H. Holland）**により提唱されています。

遺伝的アルゴリズムの処理内容を**図 1.16**に示します。図にあるように、最初に染色体の集団を何らかの方法で生成します。この集団を**初期集団**と呼びます。一般に初期集団は、乱数を使ってランダムに生成します。

次に、染色体集団から、親の染色体を二つ選んで、交叉や突然変異などの遺伝的操作を加えます（遺伝的操作の詳細は、第3章で改めて説明します）。これを繰り返すことで、もとの染色体集団よりも多い個数の次世代染色体を作ります。そして、遺伝的操作によって生まれた次世代の染色体集団から、より評価のよい個体を**選択（selection）**することで、子どもの世代の染色体集団を作ります。こうした操作により、子の世代では、平均的には親の世代よりも評価のよい染色体が得られます。

この世代の染色体集団に対してさらに交叉・突然変異、および選択といった遺伝的操作を施し、孫の集団を作ります。これを繰り返すことで、遺伝的アルゴリズムではよりよい染色体を作り出します。

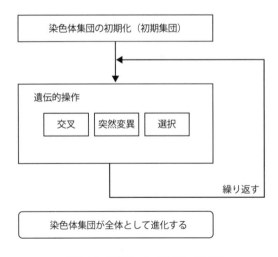

■図 1.16　遺伝的アルゴリズムの枠組み

遺伝的アルゴリズムでは、ある問題の正解が求まる保証はありません。しかし、遺伝的操作を繰り返すうちに染色体集団全体の平均の評価値が向上し、やがて、正解ではありませんが、正解に次ぐようなおおむね良好な答えが得られます。このような「ほぼ正解」となる知識を求めることが、遺伝的アルゴリズムなどの進化的計算の目標となります。

遺伝的アルゴリズムを初めとする進化的計算手法は、さまざまな分野への応用が進められています。特に、あるシステムを最適の状態に導くような知識が必要な場合に、対象システムが複雑すぎて他の手法ではうまく最適化が行えないような場合には、遺伝的アルゴリズム等を用いて準最適な解を求める場合があります。機械や乗り物、あるいは建築物などの設計や、製品の評価といった工学的な問題では、厳密な正解が求まる保証がなくても、工学的に許容できる範囲のよい解が求まるのであれば十分役に立つのです。そこで遺伝的アルゴリズムなどの進化的手法は、こうした分野で広く用いられています。

⑥群知能

群知能（Swarm Intelligence：SI） は、生物の集団が見せる知的な行動をシミュレートすることで問題解決を図るという機械学習手法です。1980年代以降、さまざまな群知能の手法が提案されています。**表1.4** に群知能の手法の例を示します。

■表 1.4　群知能の手法（例）

手法名称	説明
粒子群最適化法 (Particle Swarm Optimization, PSO)	魚や鳥などの生物の群れが、群れ全体として効率的に餌を見つける挙動を取ることをシミュレートした最適化手法
蟻コロニー最適化法 (Ant Colony Optimization, ACO)	蟻の群れが餌場と巣穴の間の最短経路を見つけることをシミュレートした最適化手法
AFSA (Artificial Fish Swarm Optimization)	魚の群れが見せる捕食や追尾などの行動特性をシミュレートした最適化手法

表1.4で、**粒子群最適化法（Particle Swarm Optimization：PSO）** は、典型的な群知能の実装例です。粒子群最適化法では、魚や鳥などの生物の群れをシミュレートします。群れを構成する各々の個体が、問題に対する解を表現します。そして、群れが全体として効率的に餌を見つける挙動を取ることをシミュレート

することで、最適な解を探索します（**図1.17**）。PSOの個体を魚と考えて、捕食や追尾などの魚固有の行動をシミュレーションに加えたのが**AFSA（Artificial Fish Swarm Optimization）**です。

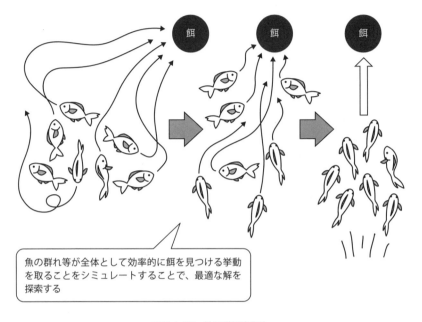

魚の群れ等が全体として効率的に餌を見つける挙動を取ることをシミュレートすることで、最適な解を探索する

■ 図1.17　粒子群最適化法

　蟻コロニー最適化法では、蟻が巣穴と餌場の間の最短経路を見つける挙動をシミュレートします。蟻の群れが巣穴と餌場の間を往復する際、各個体はフェロモンを出して自分の歩いた道筋に跡をつけます。蟻の群れは先に他の蟻によって付けられたフェロモンの跡を辿ろうとしますが、フェロモンはやがて蒸発してしまいます。フェロモンが蒸発する前に別の個体が同じ道筋を通ると、フェロモンが上書きされます。この場合、巣穴と餌場の間の距離が短いと、フェロモンがすぐに上書きされるので、その道筋にさらに多くの蟻が群がることになります。結果として、距離の短い経路に群れが誘導されることになります。これをシミュレートすることで、最短経路を探しだすのが蟻コロニー最適化法のアイデアです（**図1.18**）。

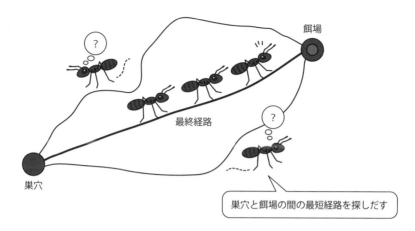

■ 図 1.18　蟻コロニー最適化法

　群知能による学習は、対象とする問題によっては非常にうまく機能することが知られています（群知能の具体的な方法については、第3章で改めて説明します）。

⑦強化学習

　強化学習（reinforcement learning）は、心理学の分野では古くから提唱されてきた概念です。たとえばネズミなどの動物を使った実験で、ネズミがレバーを押すと餌がもらえるような仕組みを与えます。ネズミは最初はレバーを押すとどうなるかは知りませんが、やがてレバーを押すと餌が出てくるということに気づき、積極的にレバーを押すようになります。言い換えると、レバーを押すという行動が学習により獲得されたことになります。このように、ある行動をとった時に餌のような報酬を与える仕組みを作ることで、その行動を強化するような学習をさせることができる場合があります。このような学習を、（動物心理学における）強化学習と呼びます（**図1.19**）。

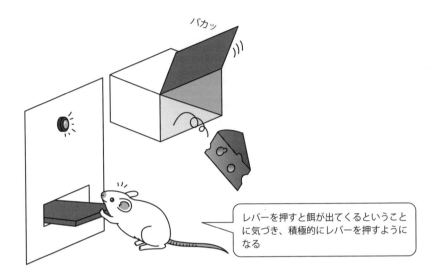

■図 1.19　動物心理学における強化学習

　先に述べたように、機械学習の分野における強化学習は、一連の動作の後にその良し悪しが与えられる場合に、最後の結果を用いて個々の動作の良否を学習するような枠組みを指します。機械学習の分野では1990年代ごろから強化学習の研究がさかんに進められています。たとえば、ロボットの行動獲得などでは、ロボットを動かす各アクチュエータの制御を個々に学習するのではなく、一連の動作の後に動作全体として目的を達することができたかどうかによって、個々のアクチュエータの制御を学習するような枠組みが提案されています。

⑧ニューラルネットと深層学習

　機械学習の歴史を概観することの最後にあたり、深層学習の土台となっているニューラルネットの研究史を紹介します（**図1.20**）。

　先に述べたように、1956年に開催されたダートマス会議では、既にニューラルネットが話題として取り上げられています。実はこれに先立つ1943年には、**ウォーレン・マカロック（W. S. McCulloch）**と**ウォルター・ピッツ（W. Pits）**によって人工ニューラルネットの概念が提唱されています。1943年といえば、まだ実用的な電子計算機は世界中のどこにも稼働していなかった時代です。

　その後、1950年代には**パーセプトロン（perceptron）**と呼ばれるニューラル

ネットが広く研究されました。第4章で改めて説明しますが、パーセプトロンは比較的単純な構造のネットワークです。当然のことながらパーセプトロンは万能ではなく、その処理能力にはおのずと限界があります。この点を指摘したのが、ミンスキーとパパートです。

彼らは、共著書である『パーセプトロン』において、パーセプトロンの処理能力について検討し、適用可能な問題の種類を明確にしました。このことが、「パーセプトロンには限界がある」と受け取られたため、一時期ニューラルネットのブームが下火になります。もちろんこの後の1970年代や80年代にも着実に研究が進められています。たとえば、1979年には、福島邦彦によってネオコグニトロンというニューラルネットが提唱されています。**ネオコグニトロン（Neocognitron）**は、深層学習におけるCNNの基礎となったネットワークであるとされています。

ニューラルネット研究が再びブームを迎えるのは、1980年代中頃以降です。この時代に、今日**バックプロパゲーション（back propagation）**という名称で広く知られているネットワーク学習方法がさまざまな研究で用いられるようになり、ネットワーク研究が再び活気づいていきます（バックプロパゲーションの具体的方法については、第4章で改めて説明します）。80年代以降、さまざまなニューラルネットが研究対象とされていきますが、ある程度研究が進んで適用範囲とその限界が見出されると、一時ほどの盛り上がりはなくなっていきます。特に、実用的規模の大規模データ処理にニューラルネットを適用しようとすると、ネットワークの学習がうまくいかなくなる点が問題視されました。

これを打開したのが深層学習の一連の研究です。本章冒頭で示したように、深層学習の手法を用いると、大量の画像や音声データなどの大規模なデータを直接処理することが可能となります。深層学習の手法が従来のニューラルネットの手法と異なるのは、次の2点によると考えられます（深層学習を特徴づけるこれらの点については、第5章で改めて説明します）。

- ネットワークの構造の工夫
- 学習方法の工夫

第1章　機械学習とは

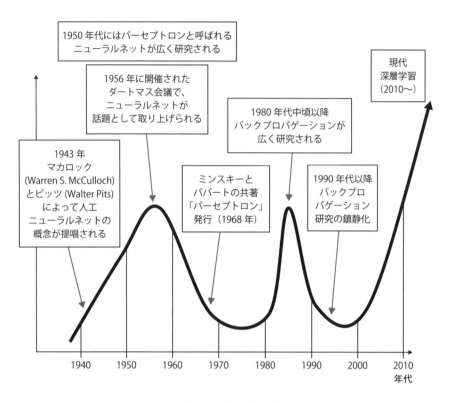

■図 1.20　ニューラルネット研究の変遷　〜山あり谷ありの歴史〜

1.2 本書例題プログラムの実行環境について

本節では、本書の例題プログラムを実行する手順等について紹介します。

1.2.1 プログラム実行までの流れ

はじめに、プログラム実行までの流れをおさらいしておきましょう。本書に掲載したプログラムは、すべてC言語で記述されています。これらのプログラムをコンピュータで実行するには、C言語で記述されたプログラムをコンパイルして機械語に変換する必要があります。この処理を担当するのがコンパイラです。コンパイラの出力した機械語プログラムは、コンピュータ上で実行することができます（**図1.21**）。

1.2 本書例題プログラムの実行環境について

■図 1.21 コンパイル

ここで、C 言語で記述されたプログラムのことを**ソースプログラム（source program）**と呼びます。ソースプログラムをコンパイルするには、**コンパイラ（compiler）**が必要です。コンパイラの出力する機械語プログラムは、プログラムを実行する CPU の種類ごとに中に含まれる命令コードが異なります。したがって、C 言語のプログラムをコンパイルする際には、実行する際に使用する CPU の命令を出力できるコンパイラが必要になります。さらに厳密にいえば、機械語プログラムの構成は、そのプログラムを実際に走らせる実行環境にも依存します。

本書では、プログラムの実行環境として Windows の「**コマンドプロンプト**」を仮定します。そこで、コンパイラとして Windows のコマンドプロンプト内で実行できる機械語プログラムを出力できるコンパイラが必要となります。この条件に合致するコンパイラとして、たとえば **MinGW**[4] や **Visual Studio** などがあります。

MinGW は Windows 用の機械語プログラムを生成する、フリーの C コンパイラである gcc を含むソフトウェア環境です。

Visual Studio は、マイクロソフト社の提供するソフトウェア開発環境です。Visual Studio は基本的には商用の有償ソフトウェアですが、一部無償で利用できるものもあります[5]。

さて、これらのコンパイラを使って本書のソースプログラムをコンパイルし、機械語のプログラムを得ます。これを適当なディレクトリに置いて実行します。なお、Visual Studio を用いる場合には、Visual Studio 内部でも機械語プログラムを実行することができます。しかし本書で紹介する例題プログラムは、実行時にデータを与える形式のプログラムが多いので、実行例はコマンドプロンプトの画面内で示すことにします。

---

[4] http://www.mingw.org/ よりダウンロード可能（2016 年 4 月現在）。

[5] 詳しくはマイクロソフト社のサイトを参照。

本書で紹介する例題プログラムは標準的なC言語の機能しか使いませんから、適切なコンパイラを使えばWindowsのコマンドプロンプト以外でも実行可能です。たとえばLinux環境におけるshellウィンドウや、同じWindowsのCygwin環境のウィンドウでも実行可能です。この場合にはコンパイラの利用方法や実行ウィンドウ内での処理手順が若干異なりますが、プログラムの実行結果は同様のものを得ることが可能です。

以上をまとめると、コンパイルと実行の手順は次のようにまとめることができます（**図1.22**）。

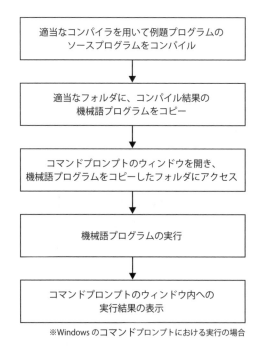

■図1.22　コンパイルと実行の手順

1.2.2　プログラム実行の実際

最後に、具体的な例題プログラムを用いて、プログラム実行の実際について説明しましょう。

まず、**リスト1.1**にソースプログラムを示します。このsum2.cプログラムは、標準入力から読み込んだ浮動小数点数の、和と二乗和を逐次出力します。なお、リ

スト1.1のソースプログラムには、各行の先頭に行番号が付加してあります。行番号は説明のために付け加えたもので、C言語のプログラムの一部ではありません。

```
 1:/******************************/
 2:/*          sum2.c            */
 3:/*   和、二乗和を求める       */
 4:/* 標準入力から実数を読み取り、*/
 5:/* 和と二乗和を逐次出力します  */
 6:/* コントロールzで終了します   */
 7:/* 使い方                      */
 8:/* C:\Users\odaka\dl\ch1>sum2 */
 9:/******************************/
10:
11:/* Visual Studioとの互換性確保 */
12:#define _CRT_SECURE_NO_WARNINGS
13:
14:/* ヘッダファイルのインクルード */
15:#include <stdio.h>
16:#include <stdlib.h>
17:
18:/* 記号定数の定義 */
19:#define BUFSIZE 256   /* 入力バッファサイズ */
20:
21:/*****************/
22:/*  main()関数   */
23:/*****************/
24:int main()
25:{
26:    char linebuf[BUFSIZE]; /* 入力バッファ */
27:    double data;           /* 入力データ */
28:    double sum = 0.0;      /* 和 */
29:    double sum2 = 0.0;     /* 2乗和 */
30:
31:    while (fgets(linebuf, BUFSIZE, stdin) != NULL) {
32:        /* 行の読み取りが可能な間繰り返す */
33:        if (sscanf(linebuf, "%lf",&data) != 0) { /* 変換できたら */
34:            sum += data;
```

■リスト1.1　sum2.c プログラム

```
35:        sum2 += data * data;
36:        printf("%lf\t%lf\n", sum, sum2);
37:    }
38: }
39:
40:    return 0;
41: }
```

■ リスト1.1 （つづき）

　リスト1.1のsum2.cプログラムを実行するためには、まずソースプログラムをコンパイルしなければなりません。先に述べたように、コンパイルにはMinGWに含まれるgccコンパイラを用いたり、Visual Studioを利用したりすることができます。

　たとえばMinGWに含まれるgccコンパイラを用いてコンパイルを実施する場合には、コマンドプロンプトのウィンドウの中で、次のような操作を行います。

```
gcc sum2.c -o sum2
```

　これで、sum2.cというソースプログラムから、機械語プログラムであるsum2.exeを得ることができます。これを実行するには、コマンドプロンプトのウィンドウで次のように操作します。

```
sum2
```

　この操作で、sum2.exe機械語プログラムが起動します。このプログラムは入力を受け付けて、それに対応する計算結果を出力します。そこで、上記の状態に続けてデータを入力することで、プログラムは和と二乗和を逐次出力します。

　以上をまとめると、**実行例1.1**のような処理過程となります。本書の他の例題プログラムを実行する場合も、同様の操作を行ってください。

1.2 本書例題プログラムの実行環境について

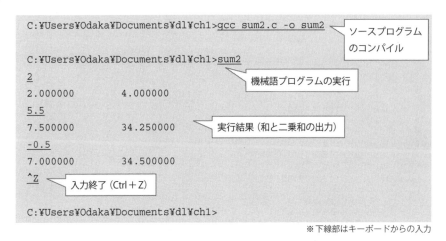

■実行例 1.1　MinGW の gcc コンパイラを用いたコンパイルとプログラム実行の過程

　さて、同様の処理は Visual Studio を用いても行うことができます。Visual Studio の具体的な使い方はバージョンによって異なりますので、それぞれのドキュメントを参照してください。大まかな流れとしては、次のようになります。

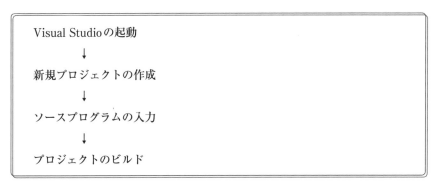

　こうした一連の操作の結果、機械語プログラムが生成されます。生成された機械語プログラムは、Visual Studio が扱う一連のファイルとともに、指定されたフォルダに置かれます。この機械語プログラムを実行するためには、コマンドプロンプトのウィンドウで cd コマンドを用いて、機械語プログラムの格納されているフォルダに移動します。後は、先の MinGW の場合と同様に実行を進めます。**実行例 1.2** に、この場合の実行例を示します。

第1章 機械学習とは

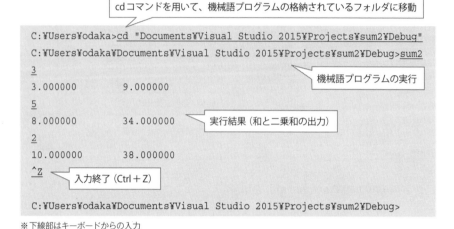

■実行例1.2　Visual Studio によって生成された機械語プログラムの実行例
　　　　　　（コマンドプロンプトウィンドウ内における）

　実行例1.2は、sum2という名称のプロジェクトを作ってソースプログラムをコンパイルした場合の例です。例に示したフォルダに機械語プログラムsum2.exeが置かれていますので、cdコマンドを用いてそのフォルダに作業ディレクトリを移します。そのうえで、機械語プログラム名を指定することでプログラムを実行しています。

第2章

機械学習の基礎

本章では、機械学習の基礎的な概念を取り上げます。具体的には、事例から規則性を学習する帰納的な学習と、第1章でも紹介した強化学習について説明します。

2.1 帰納学習

ここでは、機械学習の基礎的な概念を把握するために、比較的単純な帰納学習の例を示します。例題として、具体的事例の羅列から、ある規則に従ったパターンを見つける問題を取り上げます。

2.1.1 演繹的学習と帰納的学習

学習の分類方法の一つに、**演繹的学習（deductive learning）**と**帰納的学習（inductive learning）**という分類があります（図2.1）。

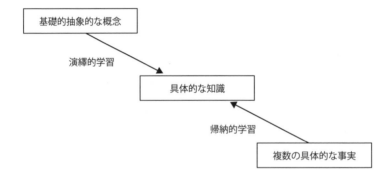

■図2.1　演繹的学習（deductive learning）と帰納的学習（inductive learning）

演繹的学習とは、ある基礎的抽象的な概念から、具体的な知識を導くような学習です。たとえば、数学において、与えられた公理や定理から出発して具体的な事例を説明する知識を導くような過程は、演繹的学習に分類されます。

これに対して帰納的学習は、複数の具体的な事実から、それらをうまく説明できるような知識を見出す学習です。第1章で扱った学習は、そのほとんどが帰納的学習に分類されます。たとえば画像の認識や音声の聞き取りなどでは、学習データセットとして与えられた具体的事例データを使って、画像認識や音声認識の知識を獲得します。これらは、具体的事例データから、それらを説明する知識を抽出する形式の学習であり、帰納的学習に分類されます。

2.1.2 帰納的学習の例題—株価の予想—

　それでは、簡単な例題に基づいて、帰納的な学習を実現する方法の例を示しましょう。ここでは、簡単なモデルを用いた株価の予想を例題とします。

　今、X社という名前の株式会社があったとします。X社は自社の株式をある株式市場に上場しており、X社の株価は時々刻々と変動しています。ここで、X社の株価が今後値上がりするか、あるいは値下がりするかを予測することを考えます。

　株価の変動は企業への人気投票の結果のようなものですから、その企業の企業価値はもちろん、世界の経済の状況、あるいは社会情勢など、非常に複雑な要因によって決定されます。株式市場全体の動向や、関連企業の株価の変動も、ある特定の企業の株価に影響を与えるかもしれません。

　ここではこれらを単純化し、X社の株価は、X社に関連する企業であるA社〜J社の株価変動によって決定されるものとします。つまり、前日のA社〜J社の株価変動があるパターンをとった時には当日のX社の株価が上昇し、別のパターンでは株価が下降すると仮定します（**図2.2**）。そこで、過去の具体的な株価変動の事例を集めて帰納的な機械学習を行うことでパターンを抽出し、X社の株価の予測をする知識を得ることを考えます。

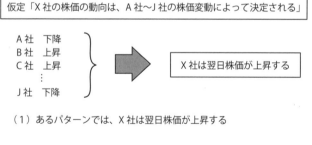

（1）あるパターンでは、X社は翌日株価が上昇する

（2）別のパターンでは、X社は翌日株価が下降する

■図2.2　例題の仮定

さて、帰納的学習を行うためには、学習データセットが必要です。ここでは、**表2.1**に示すような、過去の事例が与えられるとしましょう。表2.1では、A社〜J社の株価が上昇したか下降したかの事実と、それによって、翌日のX社の株価がどうなったかの結果が示されています。表2.1では、データが10組示されています。たとえば学習データ1番では、前日の結果として次のような事実が表されています。

A社	B社	C社	D社	E社	F社	G社	H社	I社	J社
上昇	下降	下降	下降	下降	下降	上昇	下降	下降	上昇

▼

X社
上昇

この時、結果として翌日のX社の株価は上昇したことが示されています。つまり、この場合には教師データとして上昇したことが与えられたわけです。このように、本例題では、あるデータに対応する結果の値がペアで示されています。これは、本例題における学習が教師あり学習のカテゴリに含まれることを意味しています。

■表2.1　例題の扱う学習データセット（一部）

学習データの番号	前日のA社〜J社の株価変動 (1：上昇、0：下降)										X社の翌日の株価変動 (1：上昇、0：下降)
	A社	B社	C社	D社	E社	F社	G社	H社	I社	J社	
1	1	0	0	0	0	0	1	0	0	1	1
2	0	1	0	1	0	1	1	1	0	1	1
3	0	1	0	0	0	1	1	0	1	0	0
4	1	0	0	1	1	0	1	0	0	1	1
5	1	0	0	1	1	0	1	1	1	1	0
6	0	0	0	0	0	0	1	0	0	0	1
7	1	1	1	0	0	1	1	0	1	1	1
8	0	0	1	0	1	1	1	0	1	0	0
9	0	0	1	0	1	1	1	0	0	0	0
10	1	1	1	0	0	0	0	1	1	0	0

さて、表2.1ではこれらの学習データを10回分示してあります。学習データセットに含まれる学習データの個数は、ここでは100回分与えられるものとしましょう。これらのデータから、X社の株価動向に関する知識を抽出するのが、この例題の目標です。

次に、知識の表現方法を検討しましょう。株価動向の知識は、ある種のルールの表現として表現されます。機械学習におけるルール知識の表現方法には、たとえばパターンマッチングによる方法や、論理式による方法、あるいはif-then形式のプロダクションルールによる方法などが考えられます。さらに、深層学習の基礎となるニューラルネットを用いても、ルールを獲得することが可能です。ここでは、単純な方法として、パターンマッチングによる方法を扱ってみましょう。

本例題で期待される知識表現は、A社からJ社の前日の株価動向が与えられた際、これに対してX社の株価動向の予想を返すような表現です。そこで、A社からJ社の株価動向のパターンを何らかの方法で表現し、そのパターンに合致する場合にはX社の株価が上昇すると予測し、パターンに合致しない場合にはX社株価が下降すると予測します（**図2.3**）。

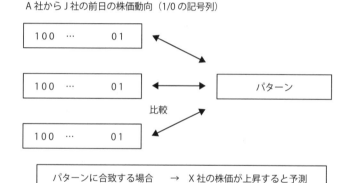

■図2.3　パターンマッチングによる株価変動予測

パターンの表現方法として、A社からJ社の前日の株価動向を10個の記号で表現した形式を用います。ここで記号として、上昇と下降を表す1/0に加えて、両方の記号にマッチするワイルドカードとして記号"2"を導入します（**図2.4**）。ここで、一般にワイルドカードとは、すべての記号に合致するような記号のことを意味します。

知識を表すパターンの例（2/1/0 の記号列）

```
1010220011
```

上記パターンに合致する学習データ（1/0 の記号列）

```
1010110011
```

```
1010000011
```

```
1010100011
```

```
1010010011
```

■図2.4　パターンの表現方法

　パターンと株価動向のマッチングを調べる際に、記号1と0はそれぞれマッチし、パターンの記号"2"は株価動向の1/0の両方にマッチします。図2.4の例では、パターンの中ごろ、左から5番目と6番目に記号"2"があります。そこで、このパターンに合致する記号列は図に示した4通りとなります。

　このように記号"2"を導入することで、知識表現に柔軟性を持たせることができます。

　以上の準備により、本例題は、機械学習によってX社の株価動向を予測する知識であるパターンを求めればよいことがわかりました。そこで次に、パターンを求める方法を検討します。

　ここでは単純な方法として、**生成と検査（generate and test）**によってパターンを求めることにしましょう。生成と検査の方法では、何らかの方法で問題の解の候補を生成し、それを問題の条件と照らし合わせることでよい解を選び出します。これを本例題に合わせて言い直すと、解候補となるパターンを何らかの方法で生成し、学習データセットと照らし合わせることでよい解を選び出すという操作を行う、となります（**図2.5**）。学習データセットには100例の学習データが含まれていますから、解候補となるパターンがその中の何件について正しい答えを与えるかによって評価することができます。もしあるパターンが100例すべての学習データを正しく扱うことができれば、評価値を100点とします。逆にすべて不正解であれば0点であり、半分の50例に正解すれば50点と評価します。

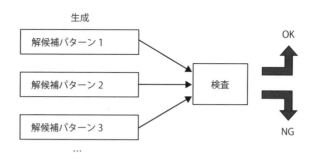

■ 図2.5 生成と検査によるパターンの学習

このとき、学習データセットには**正例（positive example）**と**負例（negative example）**が含まれていることに注意しましょう。正例とは、正解として選び出すべきデータのことであり、負例は不正解とすべきデータのことです。本例題で言えば、正例は、X社の株価が上昇すると予測すべきデータであり、学習データセット内で教師データが1となっている学習データ項目のことを意味します。また負例は、教師データが0となっている学習データであり、X社の株価は下降すると予測すべきデータのことです。学習すべき知識は、正例に対して正しく上昇を予測するとともに、負例に対しては正しく下降を予測しなければなりません（**図2.6**）。

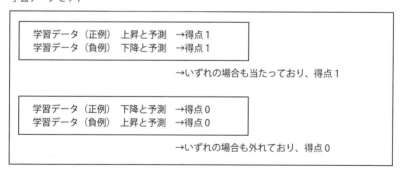

■ 図2.6 解候補となるパターンの評価

最後に、解候補の生成方法を考えます。ここでは、解候補となるパターンをランダムに生成することにします。すなわち、乱数を用いて0、1または2の値を10個生成し、これらの並びをパターンとします（**図2.7**）。

■ 図 2.7　乱数による解候補の生成

以上の処理をまとめると、ここで実現する機械学習システムの処理は、次のような手順となります。

---
(1) 学習データセット（学習データと教師データの組）の読み込み
(2) 以下を適当な回数繰り返す
　(2-1) 乱数による解候補パターンの生成
　(2-2) 以下をすべての学習データに対して繰り返す
　　(2-2-1) 解候補パターンを用いて、一つの学習データに対応するX社株価の予想値（上昇または下降）を計算する
　　(2-2-2) 予想値を対応する教師データと比較し、合致していれば1点得点を加算する
　(2-3) 解候補パターンの評価値（得点の合計）が過去の最高得点以上であれば、最高得点を更新する

2.1.3　帰納学習による株価予想プログラム

それでは、株価予想知識を獲得する帰納学習のプログラムである、learnstock.cプログラムを構成してみましょう。まず、処理手順をC言語で表現する方法を考えます。

最初に、学習データセットのプログラム内部での表現方法を考えます。表2.1に示したように学習データセットは、学習データと対応する教師データの組が100個集まったデータセットです。学習データセットを格納したファイルは、**リスト2.1**に示すようなテキストファイルです。リスト2.1では、ldata.txtという名称のテキストファイルに学習データセットが格納されています。

```
C:¥Users¥odaka¥dl¥ch2>type ldata.txt
1 0 0 0 0 0 1 0 0 1    1
0 1 0 1 0 1 1 1 0 1    1
0 1 0 0 0 1 1 0 1 0    0
1 0 0 1 1 0 1 0 0 1    1
1 0 0 1 1 0 1 1 1 1    0
0 0 0 0 0 0 1 1 0 0    1
1 1 1 1 0 0 1 0 0 0    0
0 1 1 1 0 1 1 1 0 1    0
0 0 1 1 0 1 1 1 0 0    0
1 1 1 0 0 0 0 1 1 0    0
0 0 1 1 1 0 0 0 1 0    0
1 0 0 0 1 0 1 0 1 1    0
...       学習データ        教師データ
```

■ **リスト2.1　学習データセットのファイル形式**
　学習データと対応する教師データの組を1行に格納したテキストデータとする

これらのデータを読み込んで、プログラム内部では整数の配列に格納することにします。具体的には、次のような配列を用います。

```
#define SETSIZE 100    /* 学習データセットの大きさ */
#define CNO 10         /* 学習データの桁数（10社分） */

int data[SETSIZE][CNO]; /* 学習データセット */
int teacher[SETSIZE];   /* 教師データ */
```

ここで、配列data[][]に学習データを格納し、配列teacher[]に対応する教師データを格納します。これらの配列の要素には、学習データセットファイルに格納されたデータと同様に、0または1の値が格納されます。

次に解候補パターンの表現方法ですが、これも次のように配列を利用します。

```
int answer[CNO]; /* 解候補 */
```

解候補パターンを表現する配列answer[]の要素には、0、1またはワイルドカードの記号である"2"が格納されます。

以上のデータを利用して、上記手順をプログラムとして表現します。まず手順(1)にある「学習データセットの読み込み」です。これは、標準入力から次のようにして値を読み込み、配列に格納します。

```
/* 学習データセットの読み込み */
for (i = 0; i < SETSIZE; ++i) {
  for (j = 0; j < CNO; ++j) {
    scanf("%d", &data[i][j]);
  }
  scanf("%d", &teacher[i]);
}
```

手順(2)内の(2-1)「乱数による解候補パターンの生成」については、以下のように乱数を用いて0、1または2の値を配列answer[]に格納します。ただし、0～2の整数乱数を生成するrand012()関数を別途作成して利用することにします。

```
/* 解候補生成 */
for (j = 0; j < CNO; ++j) {
  answer[j] = rand012();
}
```

続いて、手順(2-2)「以下をすべての学習データに対して繰り返す」の部分ですが、(2-2-1)および(2-2-2)の処理を、for文を用いてSETSIZE回繰り返します。学習データの個数は100個としましたから、SETSIZEは100であり、以下の得点の計算を100回繰り返すことになります。

繰り返しの内部処理にあたる手順(2-2-1)「解候補パターンを用いて、一つの学習データに対応するX社株価の予想値（上昇または下降）を計算する」については、次のようなプログラムコードで実現できます。

```
point = 0;
for (j = 0; j < CNO; ++j) {
  if (answer[j] == 2) ++point; /* ワイルドカード */
  else if (answer[j] == data[i][j]) ++point; /* 一致 */
}
```

上記で、変数pointは、解候補パターンであるanswer[]配列と、i番目の学習データdata[i][]との比較結果を格納する変数です。両者が完全に合致するとpointの値は10となり、全く合致しなければ0となります。ただし、解候補パターンに含まれる値"2"は、学習データと必ず一致するワイルドカードとして扱います。

上記に引き続き、手順（2-2-2）「予想値を対応する教師データと比較し、合致していれば1点得点を加算する」については、以下のように記述します。

```
if ((point == CNO) && (teacher[i] == 1)) {
  ++score;
}
else if ((point != CNO) && (teacher[i] == 0)) {
  ++score;
}
```

この記述において、最初の行では、教師データが1、すなわちX社の株価の上昇を与える場合に、学習データと解候補パターンが完全一致して変数pointの値がCNOとなったら、スコアを加算しています。4行目からのelse ifの部分では、教師データが0でありX社の株価が下降する場合に、学習データと解候補パターンが一致せずに下降を予測した場合のスコア加算の処理を行っています。以上のように上記のプログラムコードは、X社株価の上昇・下降を正しく予測した場合には変数scoreの値を1だけ増やす操作を行っています。

以上の準備をもとに、learnstock.cプログラムを構成します。プログラム全体の構造を、**図2.8**に示します。図のように、learnstock.cプログラムは、main()関数を中心に全部で四つの関数から構成されています。

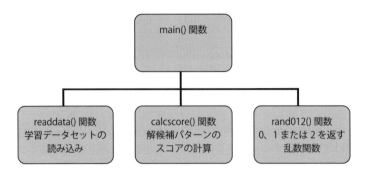

■図2.8　learnstock.cプログラムのモジュール構造

　図2.8にあるように、learnstock.cプログラムでは、学習データセットの読み込みと解候補パターンのスコアの計算、および乱数の計算をそれぞれ独立した関数として構成し、残りの処理をmain()関数内部で処理します。図2.8に従ってプログラムを構成した例を、**リスト2.2**に示します。

```
 1:/*********************************************/
 2:/*         learnstock.c                      */
 3:/*   単純な帰納的学習の例題プログラム            */
 4:/*            パターン学習器                   */
 5:/* 100個の学習データを読み込んで、              */
 6:/* 適合する10桁の2進数パターンを答えます        */
 7:/* 使い方                                    */
 8:/* C:\Users\odaka\dl\ch2>learnstock<ldata.txt */
 9:/*********************************************/
10:
11:/* Visual Studioとの互換性確保 */
12:#define _CRT_SECURE_NO_WARNINGS
13:
14:/* ヘッダファイルのインクルード */
15:#include <stdio.h>
16:#include <stdlib.h>
17:
18:/* 記号定数の定義 */
19:#define OK 1
20:#define NG 0
```

■リスト2.2　帰納学習の例題プログラム　learnstock.c

```
21:#define SETSIZE 100     /* 学習データセットの大きさ */
22:#define CNO 10          /* 学習データの桁数（10社分） */
23:#define GENMAX  10000   /* 解候補生成回数 */
24:#define SEED 32767      /* 乱数のシード */
25:
26:/* 関数のプロトタイプの宣言    */
27:void readdata(int data[SETSIZE][CNO], int teacher[SETSIZE]);
28:            /* 学習データセットの読み込み */
29:int rand012(); /* 0、1または2を返す乱数関数 */
30:int calcscore(int data[SETSIZE][CNO], int teacher[SETSIZE],
31:              int answer[CNO]);
32:            /* 解候補パターンのスコア（0〜SETSIZE点）の計算 */
33:
34:/****************/
35:/*  main()関数  */
36:/****************/
37:int main()
38:{
39:   int i, j;
40:   int score = 0;         /* スコア（0〜SETSIZE点） */
41:   int answer[CNO];       /* 解候補 */
42:   int data[SETSIZE][CNO]; /* 学習データセット */
43:   int teacher[SETSIZE];  /* 教師データ */
44:   int bestscore = 0;     /* スコアの最良値 */
45:   int bestanswer[CNO];   /* 探索途中での最良解 */
46:
47:   srand(SEED); /* 乱数の初期化 */
48:
49:   /* 学習データセットの読み込み */
50:   readdata(data,teacher);
51:
52:   /* 解候補生成と検査 */
53:   for (i = 0; i < GENMAX; ++i) {
54:      /* 解候補生成 */
55:      for (j = 0; j < CNO; ++j) {
56:         answer[j] = rand012();
57:      }
58:
```

■リスト 2.2 （つづき）

```
59:    /* 検査 */
60:    score=calcscore(data, teacher, answer);
61:
62:    /* 最良スコアの更新 */
63:    if (score > bestscore) { /* これまでの最良値なら更新 */
64:      for (j = 0; j < CNO; ++j)
65:        bestanswer[j] = answer[j];
66:      bestscore = score;
67:      for (j = 0; j < CNO; ++j)
68:        printf("%1d ", bestanswer[j]);
69:      printf(":score=%d\n", bestscore);
70:    }
71:  }
72:  /* 最良解の出力 */
73:  printf("\n最良解\n");
74:  for (j = 0; j < CNO; ++j)
75:    printf("%1d ", bestanswer[j]);
76:  printf(":score=%d\n", bestscore);
77:
78:  return 0;
79:}
80:
81:/*************************************************/
82:/*              calcscore()関数                   */
83:/* 解候補パターンのスコア（0～SETSIZE点）の計算    */
84:/*************************************************/
85:int calcscore(int data[SETSIZE][CNO], int teacher[SETSIZE],
86:              int answer[CNO])
87:{
88:  int score = 0; /* スコア（0～SETSIZE点） */
89:  int point;     /* 一致した桁数（0～CNO） */
90:  int i, j;
91:
92:  for (i = 0; i < SETSIZE; ++i) {
93:    /* 一致度計算 */
94:    point = 0;
95:    for (j = 0; j < CNO; ++j) {
96:      if (answer[j] == 2) ++point; /* ワイルドカード */
```

■リスト2.2 （つづき）

```
 97:      else if (answer[j] == data[i][j]) ++point;/* 一致 */
 98:    }
 99:
100:    if ((point == CNO) && (teacher[i] == 1)) {
101:      ++score;
102:    }
103:    else if ((point != CNO) && (teacher[i] == 0)) {
104:      ++score;
105:    }
106:  }
107:  return score;
108:}
109:
110:/***************************/
111:/*    readdata()関数        */
112:/* 学習データセットの読み込み */
113:/***************************/
114:void readdata(int data[SETSIZE][CNO], int teacher[SETSIZE])
115:{
116:  int i, j;
117:
118:  for (i = 0; i < SETSIZE; ++i) {
119:    for (j = 0; j < CNO; ++j) {
120:      scanf("%d", &data[i][j]);
121:    }
122:    scanf("%d", &teacher[i]);
123:  }
124:}
125:
126:/***************************/
127:/*    rand012()関数         */
128:/* 0、1または2を返す乱数関数 */
129:/***************************/
130:int rand012()
131:{
132:  int rnd;
133:
134:  /* 乱数の最大値を除く */
```

■ リスト 2.2 （つづき）

```
135:    while((rnd = rand()) == RAND_MAX);
136:    /* 乱数の計算 */
137:    return (double)rnd / RAND_MAX * 3;
138:}
```

■ リスト 2.2 （つづき）

　learnstock.cプログラムの概略を説明します。先ほどの処理 (1)「学習データセットの読み込み」は、main()関数内部の50行目にあるreaddata()関数の呼び出しにより行います。次に、処理 (2) の繰り返しは、53行目のfor文により制御します。記号定数GENMAXで指定された回数だけ、解の生成と検査を繰り返します。

　繰り返し内部の処理 (2-1)「乱数による解候補パターンの生成」は、プログラムの55行目のfor文により行います。この処理では、下請けの関数として乱数を与えるrand012()関数を使います（56行目）。続く手順 (2-2) の検査の処理は、learnstock.cプログラムでは独立したcalcscore()関数として表現しています。手順の (2-2-1) および (2-2-2) における処理は、calcscore()関数内部の92行〜106行で記述されています。

　手順 (2-3) の最高得点の更新は、main()関数内部の63行〜70行で行っています。

　learnstock.cプログラムの実行例を**実行例2.1**に示します。実行例2.1では、ldata.txtという名称の100例の学習データセットに対して、88例に正解するパターンが獲得されています。

```
C:\Users\odaka\dl\ch2>learnstock < ldata.txt
0 0 0 1 1 2 1 2 1 0 :score=76
2 1 0 0 0 1 2 0 2 1 :score=77
1 2 0 1 2 2 2 2 0 2 :score=81
2 2 0 1 2 2 2 0 2 1 :score=82
2 1 0 1 2 2 2 2 0 2 :score=83
2 2 0 2 1 2 2 2 0 2 :score=88

最良解
2 2 0 2 1 2 2 2 0 2 :score=88

C:\Users\odaka\dl\ch2>
```

■ 実行例 2.1　learnstock.c プログラムの実行例

リスト2.2のlearnstock.cプログラムでは、解候補パターンの生成を10000回行っています。この回数は、ソースプログラムの23行目で定義している記号定数GENMAXの値を変更することで変えることができます。

```
23:#define GENMAX   10000 /* 解候補生成回数 */
```

実は、GENMAXを十分大きな値に変更することで、学習データセットを説明するよりよいパターンを見つけることも可能です。**実行例2.2**に、繰り返し回数を増やしてよりよいパターンを見つけた実行例を示します。図では、学習データセットldata.txtのすべてのデータを説明するパターンが見つかっています。

```
C:¥Users¥odaka¥dl¥ch2>learnstock < ldata.txt
0 0 0 1 1 2 1 2 1 0 :score=76
2 1 0 0 0 1 2 0 2 1 :score=77
1 2 0 1 2 2 2 2 0 2 :score=81
2 2 0 1 2 2 2 0 2 1 :score=82
2 1 0 1 2 2 2 2 0 2 :score=83
2 2 0 2 1 2 2 2 0 2 :score=88
2 2 0 2 2 2 2 0 0 2 :score=90
2 2 0 2 2 2 2 2 0 2 :score=100

最良解
2 2 0 2 2 2 2 2 0 2 :score=100

C:¥Users¥odaka¥dl¥ch2>
```

■実行例2.2　繰り返し回数を増やした実行例

さて、こうして見つけたパターンは、検査データに適用することで性能を評価することができます。実行例2.1と実行例2.2の実行例で求めたそれぞれのパターンを、検査データを用いて評価してみましょう。**表2.2**に10例の検査データに対する二つのパターンの予測結果と、正しい結果との比較を示します。表に示したように、学習データセットに対するスコアの高いパターンBが、検査データセットに対しても良好な結果を示しています。

■表2.2　10例の検査データに対する二つのパターンの予測結果と、正しい結果との比較
※ただし、パターンA：2202122202、パターンB：2202222202

検査データ番号	検査データ	パターンA予測	パターンB予測	正しい結果
①	0001010000	0	1	1
②	0010100100	0	0	0
③	0010010011	0	0	0
④	1111010101	0	0	0
⑤	1010010101	0	0	0
⑥	1011110101	0	0	0
⑦	0101111101	1	1	1
⑧	0110101111	0	0	0
⑨	0010101011	0	0	0
⑩	1110101011	0	0	0

2.2　強化学習

前節では教師あり学習の基礎的な例を示すことで、機械学習の基本的な流れを概観しました。ここではそれとは異なる形式を取る機械学習の例として、強化学習の基礎を示します。プログラム例題の題材として、迷路抜けの学習を取り上げます。

2.2.1　強化学習とは

第1章でも説明したように、**強化学習（reinforcement learning）** は一連の行動の最後に評価が与えられるような場合に用いる学習手法です。強化学習は、たとえばゲームの勝敗を通じた戦略知識の獲得などに用いることができます。

ゲームの場合について考えてみましょう。第1章では、DQNという深層学習のシステムを紹介しました。DQNはテレビゲーム（ビデオゲーム）を学習するシステムでした。ここではよりわかりやすい例として、チェスやチェッカー、あるいは将棋などのボードゲームを上手にプレイする知識を獲得する学習システムを考えます。

一つの学習方法は、コンピュータプレイヤーが一手着手するごとに、その着手の評価を先生から教わる方法です。これは、教師あり学習による学習です。たとえば将棋の例で言えば、コンピュータプレイヤーの手番では、コンピュータプレイヤーが自分の持つ知識に従って、ある駒を選択して動かします。すると、先生が「この手はよい手だ」とか、「その手はあまりよくない」といった評価を下します。

コンピュータプレイヤーは、教師の助言に従って自分の持つ知識を更新することで、ゲーム戦略知識の学習を進めます(**図2.9**)。

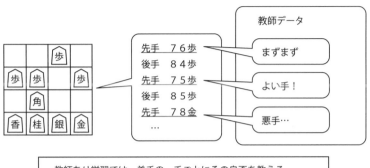

■図2.9　ゲーム知識の獲得(1)　教師あり学習の場合

　この方法では効率的な学習が可能ですが、実は教師データをどのように構成するのかが大変な難問です。チェスやチェッカー、将棋などの着手を一手だけ取り出して評価することは、普通は簡単ではありません。もし教師あり学習でこのような機械学習を行うとすると、学習データとなる過去の棋譜データに対して、誰かが一手一手についての評価値を教師データとして与えなければなりません。学習に必要なだけの大量のデータセットを構成することを考えると、これは大変な難題です。また、評価が正しくなければ教師データとなりませんが、着手を一手だけ取り出した際にそれが正しいかどうかは、多くの場合判断することができません。

　以上のように、ゲームの一つひとつの着手に対する教師データの作成は困難であり、教師あり学習の枠組みでゲームの戦略知識を学習することは実際上難しい問題です。

　これに対して強化学習の枠組みでは、一連の着手が終了した後に評価を得て、その評価に基づいて学習を進めることができます。ここで、ゲームにおける着手が全体としてよかったか悪かったかの評価は、簡単です。それは、ゲームの勝敗を見ればよいのです。チェスや将棋などのゲームでは、最終的な結果は次のいずれかしかありません。

$$\begin{cases} 自分の勝ち（相手の負け） \\ 自分の負け（相手の勝ち） \\ 引き分け \end{cases}$$

　したがって、自分の行った一連の着手の評価は、ゲームに勝ったか負けたか、あるいは引き分けたかによって知ることができます。強化学習では、こうした一連の行動を経た最後の評価値を用いて、一手一手の着手のような個別の行動に関する知識を学習します。ゲームの勝敗は明確な事実として過去の棋譜データに付随していますから、一手一手の教師データを作成するのと比較するとはるかに容易に学習データを作成することが可能です（**図2.10**）。

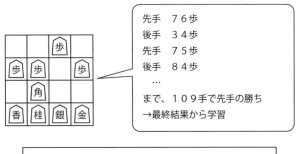

■図2.10　ゲーム知識の獲得（2）　強化学習の場合

　強化学習では、一連の行動の最後に得られる評価値のことを、**報酬（reward）**と呼びます。ゲームの例でいえば、ゲームに勝てば正の報酬を得ることができ、負ければ負の報酬を受けることになります。強化学習では、報酬を受けた時、そこに至るまでの過程でとった複数の行動それぞれに対して、報酬を分配して与えることになります。

さて、ゲームとは別の例として、ロボットの行動知識獲得の場合を考えてみましょう。たとえば2足歩行ロボットの歩行行動を学習する場合を考えます。

2足歩行を実現する運動は、足などの関節に対してどのようにトルクを加えるかによって制御できます。したがって、ある瞬間にロボットがどのような状態であるかをセンサによって調べ、それに対応するトルク制御信号を関節に付随したアクチュエータに与えれば、ロボットを動かすことができます。トルク制御は、ちょうどゲームの例における各着手の選択と同じ意味を持ちます。

教師あり学習によってトルク制御の知識獲得を行うには、さまざまな状況に対応した制御信号を教師データとして与え、これを参照して制御知識の学習を行います。先ほどの場合と同様、この方法は効率のよい学習が可能ですが、教師データを作成することは大変困難です。私達人間は無意識に2足歩行を行っていますが、どこでどのように関節にトルクを与えるかを説明することはできません。また、さまざまな場合に対応する学習データセットを構成することも困難です。

加えて、ロボットの例はゲームの例と異なり、行動知識を獲得する際には現実世界で生じる測定誤差や雑音の問題も考慮しなければなりません。これらを考えに入れて大規模な学習データセットを作成することは極めて困難です。

そこで、強化学習により行動知識を獲得することを考えます。この場合には、ロボットに適当な動作を一定時間行わせ、結果として2足歩行となるかどうかを観察します。そのうえで、2足歩行の完成度に応じて報酬を与えることで、強化学習を進めます。ロボットに繰り返し動作を行わせることで、やがて2足歩行の行動知識を獲得することができます。この方法であれば、教師データを作成する問題を解決できるとともに、雑音や誤差の問題も強化学習のしくみの中に吸収させることができます。さまざまなシチュエーションで動作を繰り返せば、より頑健な行動知識を獲得することができるでしょう (**図2.11**)。

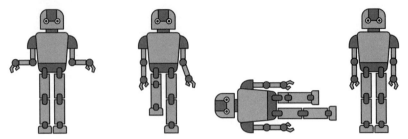

ロボットに適当な動作を一定時間行わせ、動作結果に応じて報酬を与える

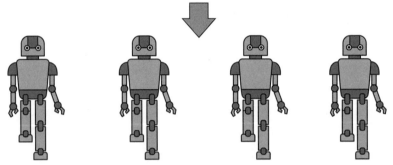

行動（たとえば2足歩行）の完成度に応じて報酬を与えることで強化学習を進める

教師データを作成する問題を解決できるとともに、
雑音や誤差の問題も強化学習のしくみの中に吸収させることができる

■図2.11　強化学習によるロボットの行動知識の獲得

2.2.2　Q学習―強化学習の具体的方法―

　強化学習を実現する方法として、ここでは、**Q学習（Q-learning）** を取り上げます。Q学習は、第1章で紹介したDQNでも用いられている、強化学習の具体的な学習手続きです。

　Q学習の枠組みにおいて、学習対象となるのは**Q値（Q-value）** と呼ばれる数値です。Q値とは、ある場面において次に取るべき行動を選択するための指標となる数値の集合です。Q学習によってQ値が獲得されると、ある状態に置かれた際に次に選択すべき行動は、Q値に従って選択することができるようになります。

　たとえばゲームの例において、ある局面で次の着手を選択することを考えます（**図2.12**）。ある局面で次に選択できる着手それぞれに対し、Q値が与えられます。そこで、選択可能な着手に対応したQ値の大きさに従って一つのQ値を選び出し、

それに対応した手を次の一手とします。Q学習が進みQ値の値が改善されていくと、やがてさまざまな状態におけるQ値による行動選択がより適切に行われるようになります。なお、一般に強化学習における行動選択の方針を**政策（policy）**と呼びます。

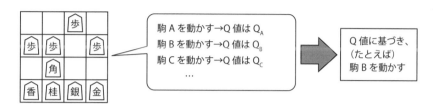

■図2.12　Q値を用いた行動選択（ゲームの例）

Q学習では、適切なQ値を獲得することを学習の目標とします。学習の初期においては、適切なQ値は不明であり、決めることができません。そこで最初は、Q値は乱数でランダムに決めておくことにします。そのうえで、Q値に従って行動を選択し、状態を更新していきます。

Q学習では、学習の初期には行動はほぼランダムに選択されることになりますから、行動の結果は当然のことながら目標とする行動系列とはかけ離れたものとなります。たとえばロボットの行動でいえば、学習の初期においては、でたらめに関節を動かして、のたうち回るような動作になるでしょう（**図2.13**）。

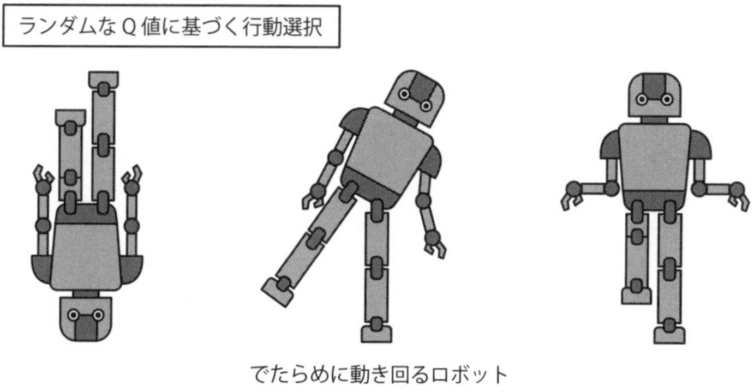

■図2.13　Q学習の初期状態

そうした行動系列の中でも、たまたま目標とする行動系列に少しは近いものが表れることがあります。そうすると、一連の行動系列の結果として報酬を得ることができます。Q学習では、この時に得た報酬によってQ値を変更します。つまり、報酬を得ることができた行動に対応するQ値を増加させることで、その行動が選択されやすくなるように更新します（**図2.14**）。これを繰り返すことで、強化学習を進めます。

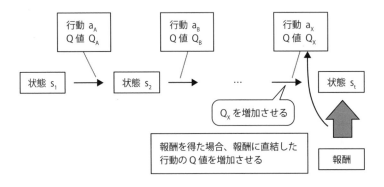

■図2.14　Q学習ができるまで（1）

ただし、これだけでは報酬に直結する行動のQ値が改善されるだけで、行動系列の最初の方の行動に対するQ値はいつまでもランダムのままで更新されません。そこで、ある行動をとった結果ただちには報酬を得なかった場合でも、次のような方法でQ値を更新することにします。それは、行動によって新たに遷移した状態で選択可能な行動に対するQ値のうちで、最大のQ値に比例する値を直前のQ値に加える、というものです（**図2.15**）。

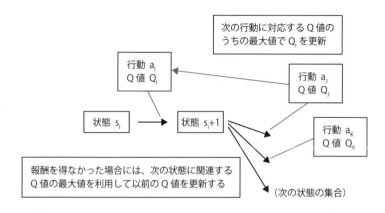

■図2.15 Q学習ができるまで（2）

こうすることで、最終的に報酬を得た行動につながる行動全体に対して、報酬による評価が順に与えられることになります。たとえば**図2.16**で、1回目に報酬を受けた時には、報酬を得る直前の行動に対するQ値だけが増加されます。しかしその後、報酬によって直前の行動に対するQ値が十分大きくなれば、報酬を受ける直前の行動のさらに一つ前の行動が選択された場合には、さきほど増加されたQ値に従った値が加算されます。これを繰り返すことにより、報酬を得ることのできる一連の行動に対するQ値が増加していきます。

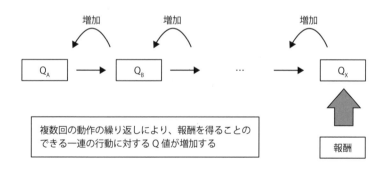

■図2.16 Q学習ができるまで（3）

Q値更新の具体的な計算式は次のとおりです。

第2章 機械学習の基礎

$$Q(s_t, a_t) = Q(s_t, a_t) + \alpha(r + \gamma \max Q(s_{t+1}, a_{t+1}) - Q(s_t, a_t)) \quad \cdots (1)$$

ここで、s_tは時刻tにおける状態を表します。またa_tは、s_tにおいて選択した行動を表します。また、式の右辺に表れる記号は以下の意味を持っています。

$\max Q(s_{t+1}, a_{t+1})$：次の時刻（$t+1$）において選択できる行動に対応するQ値のうちで最大の値

 r：報酬（得られた場合のみ、得られなければ0）
 α：学習係数（0.1程度）
 γ：割引率（0.9程度）

Q学習では、行動の都度、上式を用いてQ値を更新することで強化学習を進めます。式の意味は、次のとおりです。まず左辺は、更新対象となるQ値を意味します。右辺の第2項は、もともとのQ値を示す第1項に加えられる、更新のための値です。第2項の全体にかかる学習係数αは、学習の速度を調節する定数です。第2項のカッコ内は、報酬が得られた場合のみ加算される報酬値rと、次に選択できる行動に対応するQ値の最大値に比例する値を加算し、もともとのQ値との差分をとった値です。

以上、Q学習に関する手続きをまとめると、次のようになります。

Q学習の学習手続き

(1) すべてのQ値を乱数により初期化する
(2) 学習が十分進むまで以下を繰り返す
 (2-1) 動作の初期状態に戻る
 (2-2) 選択可能な行動から、Q値に基づいて次の行動を決定する
 (2-3) 行動後、式 (1) に従ってQ値を更新する (Q値の学習)
 (2-4) ある条件（目標状態、あるいは一定の時間経過）に至ったら (2-1) に戻る
 (2-5) (2-2) に戻る

ただし、上記 (2-3) のQ値の更新手続きは式 (1) によるものであり、これを手続きとして表現すると次のようになります。

> **Q値の更新手続き（式（1）の計算処理）**
> （2-3-1）もし報酬が得られたら、報酬に比例した値をQ値に加える
> （2-3-2）次の状態に選択できる行動に対するQ値のうち、最大値に比例した値をQ値に加える

2.2.3　強化学習の例題設定—迷路抜け知識の学習—

それでは、例題に基づいてQ学習のプログラムを構成してみましょう。まず、例題を次のように設定します。

> **強化学習による迷路抜け知識の獲得**
> 図2.17に示すような迷路があります。スタート地点から始めて、分岐を繰り返して図の一番下段までたどり着くと、それぞれの場所に対応した報酬がもらえます。このとき、なるべく多くの報酬がもらえるような行動知識を学習してください。

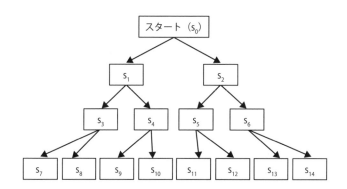

■図2.17　迷路抜け知識の獲得例題

Q学習により上記例題を解決するには、それぞれの分岐でどちらに進むのかという、行動の選択知識を獲得することを目標とします。そこで、それぞれの分岐点での行動に対応するQ値を学習するために、図2.18のようにQ値を設定します。この例では、選択可能な行動が全部で14個ありますから、それぞれに対応する

Q値の名称をQ1～Q14のように設定します。

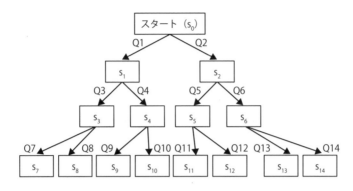

■図2.18　行動選択の基準となるQ値の設定

　Q学習では、Q値の初期値は乱数で与えます。乱数でQ値を初期化した後、Q値に基づいて行動を選択しつつ、学習を進めます。

　行動選択は、Q値の大きい行動を優先して選択するのですが、単にQ値の一番大きいものを選択するだけではQ学習はうまくいきません。もしそうすると、初期値の乱数でたまたま大きな値となった行動だけが常に選択されてしまい、いくら動作を繰り返してもそれ以外の行動が選択されることはありません。そこで、工夫が必要です。

　工夫として、たとえば乱数を用いて、ある割合でランダムに行動を選択する方法があります。この方法を**ε-グリーディ法（ε-greedy）**と呼びます。具体的には、あらかじめεを0から1の間の適当な定数として決めておきます。行動選択に際しては、0から1の間の乱数を生成し、この値がε以下であればランダムに行動を選択します。また、εを超えていれば、Q値の大きいものに対応する行動を選択します。こうすることで、Q値の初期値に依存することなく、さまざまな行動に対する適切なQ値の学習が可能となります（**図2.19**）。

（1）確率 ε でランダムに行動を選択

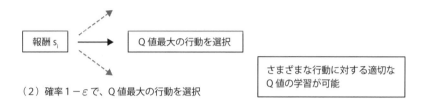

（2）確率 $1-\varepsilon$ で、Q値最大の行動を選択

■図 2.19　ε-グリーディ法による行動選択

　行動選択の方法としては、ここで用いるε-グリーディ法の他、たとえば評価値に比例する確率で選択を行うルーレット選択という手法を用いることも可能です（ルーレット選択については、第3章の「進化的手法」で改めて説明します）。

　以上の設定のもとで動作を繰り返すことで、Q学習が進みます。動作の初期状態ではQ値はランダムですが、先に示した手続きに従って行動を繰り返すことで、適切なQ値が獲得されていきます。たとえば状態s_{14}が最大の報酬を与えるとすると、学習に従って**図2.20**に示すような行動選択の道筋が学習されていきます。

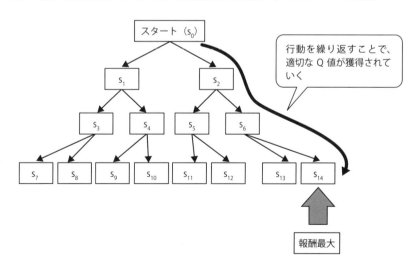

■図 2.20　Q学習による迷路抜け知識の獲得

2.2.4 強化学習のプログラムによる実現

ここまで述べた準備をもとに、Q学習による強化学習のプログラムqlearning.cを構成しましょう。まず、必要となるデータ構造を考えます。Q学習で必要となるQ値（Q1～Q14）は、配列として保持することにしましょう。Q値を保持する配列であるqvalue[]の定義は次のようになります。

```
#define NODENO   15   /* Q値のノード数 */
int qvalue[NODENO]; /* Q値 */
```

状態を区別するための変数sは、Q値を格納した配列qvalue[]の添え字に対応した値を格納し、迷路のどのQ値に対応したエッジに着目しているかを整数で表現します。

```
int s; /* 状態 */
```

次に、プログラムの処理手続きの実現方法を考えます。プログラムの基本的な処理内容は、先に示したQ学習の学習手続きをC言語で表現したものとなります。そこで、処理手順に従ってプログラム表現を考えましょう。

まず、処理手順 (1) の「すべてのQ値を乱数により初期化する」を実現します。これには、適当な乱数を与える関数であるrand100()関数を用意し、次のように記述します。rand100()関数の返す値は、qvalue[]配列の型と同じ整数型です。

```
/* Q値の初期化 */
for(i = 0; i < NODENO; ++i)
  qvalue[i] = rand100();
```

次に、処理手順 (2) の「学習が十分進むまで以下を繰り返す」という繰り返しについては、ここでは、for文を使ってあらかじめ決めた適当な回数を繰り返すことにしましょう。

学習の具体的な処理では、まず手順 (2-1) において、動作の初期状態に状態を戻します。これは、変数sを0に初期化するだけです。

```
s=0;    /* 行動の初期状態 */
```

次に、手順 (2-2) の行動選択では、selecta()関数を呼び出します。

```
/* 行動選択 */
s = selecta(s, qvalue);
```

Q値の更新では、updateq()関数を呼び出します。

```
/* Q値の更新 */
qvalue[s] = updateq(s, qvalue);
```

主な処理手続きは以上で終了です。

最後に、行動選択を行うselecta()関数と、Q値の更新を担当するupdateq()関数の記述方法を考えます。まずselecta()関数は、ここではε-greedy法を利用し、乱数によってランダムまたはQ値の大きいものを選択します。この処理は次のように表現できます。

```
/* ε-greedy法による行動選択 */
if (rand1() < EPSILON) {
  /* ランダムに行動 */
  if (rand01() == 0) s=2 * olds + 1;
  else s = 2 * olds + 2;
}
else {
  /* Q値最大値を選択 */
  if ((qvalue[2 * olds + 1]) > (qvalue[2 * olds + 2]))
    s = 2 * olds + 1;
  else s = 2 * olds + 2;
}
```

上記で、rand1()関数は0から1の実数乱数を与える関数です。rand1()関数の戻り値がEPSILON未満である場合には、ランダムに行動を選択します。またEPSILON以上である場合には、次に選択可能な行動に対応したQ値のうちで大きい方を選んで行動します。

次にQ値の更新を担当するupdateq()関数は、先の式（1）を表現した処理となります。報酬が生じる場合には、報酬の値を1000とすると、新しいQ値は次のように計算されます。ただし、記号定数ALPHAは学習係数です。

```
qv = qvalue[s] + ALPHA * (1000 - qvalue[s]);
```

報酬が生じない場合には、qvの値は次のように計算されます。

```
qv = qvalue[s] + ALPHA * (GAMMA * qmax - qvalue[s]);
```

ただしqmaxは、次に選択可能な行動に対するQ値の最大値です。また、記号定数GAMMAは割引率です。

プログラムを構成するために、プログラム全体の構造を考えます。ここで示した処理手順では、Q値に基づく行動選択やQ値の更新などが主な処理内容となります。そこで、これらの処理を関数として実現することにしましょう。**図2.21**に、qlearning.cプログラムのモジュール構造を示します。図2.21では、行動選択関数selecta()およびQ値更新関数updateq()の二つからなる主な処理のほか、Q値の学習過程を出力するためのprintqvalue()関数や、いくつかの乱数関数を示してあります。

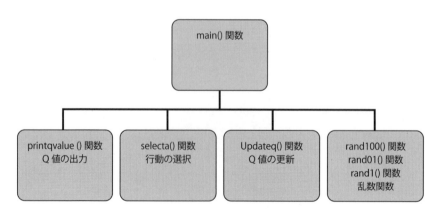

■図2.21　qlearning.cプログラムのモジュール構造

以上の準備により、qlearning.cプログラムを構成します。**リスト2.3**に、ソースプログラムを示します。

```
 1:/************************************************/
 2:/*        qlearning.c                           */
 3:/*    強化学習（Q学習）の例題プログラム              */
 4:/*    迷路の探索を学習します                        */
 5:/*  使い方                                       */
 6:/*  C:\Users\odaka\dl\ch2>qlearning              */
 7:/************************************************/
 8:
 9:/* Visual Studioとの互換性確保 */
10:#define _CRT_SECURE_NO_WARNINGS
11:
12:/* ヘッダファイルのインクルード */
13:#include <stdio.h>
14:#include <stdlib.h>
15:
16:/* 記号定数の定義 */
17:#define GENMAX  1000  /* 学習の繰り返し回数 */
18:#define NODENO  15    /* Q値のノード数 */
19:#define ALPHA   0.1   /* 学習係数 */
20:#define GAMMA   0.9   /* 割引率 */
21:#define EPSILON 0.3   /* 行動選択のランダム性を決定 */
22:#define SEED    32767 /* 乱数のシード */
23:
24:/* 関数のプロトタイプの宣言 */
25:int rand100();   /* 0〜100を返す乱数関数 */
26:int rand01();    /* 0または1を返す乱数関数 */
27:double rand1();  /* 0〜1の実数を返す乱数関数 */
28:void printqvalue(int qvalue[NODENO]);   /* Q値出力 */
29:int selecta(int s, int qvalue[NODENO]); /* 行動選択 */
30:int updateq(int s, int qvalue[NODENO]); /* Q値更新 */
31:
32:/****************/
33:/*  main()関数   */
34:/****************/
35:int main()
36:{
37:  int i;
38:  int s; /* 状態 */
```

■ リスト 2.3 qlearning.c プログラムのソースプログラム

```
39:   int t;  /* 時刻 */
40:   int qvalue[NODENO]; /* Q値 */
41:
42:   srand(SEED); /* 乱数の初期化 */
43:
44:   /* Q値の初期化 */
45:   for (i = 0; i < NODENO; ++i)
46:     qvalue[i] = rand100();
47:   printqvalue(qvalue);
48:
49:   /* 学習の本体 */
50:   for (i = 0; i < GENMAX; ++i) {
51:     s = 0; /* 行動の初期状態 */
52:     for (t = 0; t < 3; ++t) { /* 最下段まで繰り返す */
53:       /* 行動選択 */
54:       s = selecta(s, qvalue);
55:
56:       /* Q値の更新 */
57:       qvalue[s] = updateq(s, qvalue);
58:     }
59:     /* Q値の出力 */
60:     printqvalue(qvalue);
61:   }
62:   return 0;
63:}
64:
65:/***************************/
66:/*      updateq()関数       */
67:/*      Q値を更新する       */
68:/***************************/
69:int updateq(int s, int qvalue[NODENO])
70:{
71:   int qv;   /* 更新されるQ値 */
72:   int qmax; /* Q値の最大値 */
73:
74:   /* 最下段の場合 */
75:   if (s > 6) {
76:     if (s == 14) /* 報酬の付与 */
```

■リスト2.3 （つづき）

```
 77:      qv = qvalue[s] + ALPHA * (1000 - qvalue[s]);
 78:    /* 報酬を与えるノードを増やす */
 79:    /* 他のノードを追加する場合は */
 80:    /* 下記2行のコメントを外す */
 81:    // else if(s == 11) /* 報酬の付与 */
 82:    //   qv = qvalue[s] + ALPHA * (500 - qvalue[s]);
 83:    else /* 報酬なし */
 84:      qv=qvalue[s];
 85:   }
 86:   /* 最下段以外 */
 87:   else {
 88:     if ((qvalue[2 * s + 1]) > (qvalue[2 * s + 2]))
 89:       qmax = qvalue[2 * s + 1];
 90:     else qmax = qvalue[2 * s + 2];
 91:     qv = qvalue[s] + ALPHA * (GAMMA * qmax - qvalue[s]);
 92:   }
 93:
 94:   return qv;
 95:}
 96:
 97:/***************************/
 98:/*       selecta()関数      */
 99:/*       行動を選択する     */
100:/***************************/
101:int selecta(int olds, int qvalue[NODENO])
102:{
103:   int s;
104:
105:   /* ε-greedy法による行動選択 */
106:   if (rand1() < EPSILON) {
107:     /* ランダムに行動 */
108:     if (rand01() == 0) s = 2 * olds + 1;
109:     else s = 2 * olds + 2;
110:   }
111:   else {
112:     /* Q値最大値を選択 */
113:     if ((qvalue[2 * olds + 1]) > (qvalue[2 * olds + 2]))
114:       s = 2 * olds + 1;
```

■リスト2.3 （つづき）

```
115:      else s = 2 * olds + 2;
116:   }
117:
118:   return s;
119:}
120:
121:/***************************/
122:/*     printqvalue()関数      */
123:/*     Q値を出力する           */
124:/***************************/
125:void printqvalue(int qvalue[NODENO])
126:{
127:   int i;
128:
129:   for (i = 1; i < NODENO; ++i)
130:     printf("%d\t", qvalue[i]);
131:
132:   printf("\n");
133:}
134:
135:/***************************/
136:/*     rand1()関数            */
137:/* 0～1の実数を返す乱数関数     */
138:/***************************/
139:double rand1()
140:{
141:   /* 乱数の計算 */
142:   return (double)rand() / RAND_MAX;
143:}
144:
145:/***************************/
146:/*     rand01()関数           */
147:/*     0または1を返す乱数関数    */
148:/***************************/
149:int rand01()
150:{
151:   int rnd;
152:
```

■ リスト 2.3（つづき）

```
153:    /* 乱数の最大値を除く */
154:    while ((rnd = rand()) == RAND_MAX);
155:    /* 乱数の計算 */
156:    return (int)((double)rnd / RAND_MAX * 2);
157: }
158:
159: /******************************/
160: /*      rand100()関数          */
161: /*      0〜100を返す乱数関数    */
162: /******************************/
163: int rand100()
164: {
165:    int rnd;
166:
167:    /* 乱数の最大値を除く */
168:    while ((rnd = rand()) == RAND_MAX);
169:    /* 乱数の計算 */
170:    return (int)((double)rnd / RAND_MAX * 101);
171: }
```

■ リスト2.3 （つづき）

　qlearning.cプログラムのmain()関数はソースコード35行目から始まります。45〜46行ではQ値を初期化し、その結果をprintqvalue()関数を用いて出力します。

　学習の本体は、50〜61行のfor文により構成されます。動作の繰り返し回数は、17行目で定義しているGENMAX記号定数により決められます。for文の内部では、54行目でselecta()関数による行動選択を行い、それに基づいて57行目ではupdateq()関数を用いてQ値を更新しています。一連の動作が終了したら、60行目のprintqvalue()関数の呼び出しによりQ値を出力しています。

　qlearning.cプログラムの実行例を**実行例2.3**に示します。これは、14番目のノードに達した場合のみ報酬が得られるという設定でqlearning.cプログラムを実行した際の実行例です。この場合は、リスト2.3に示したソースプログラムをそのまま実行することで結果が得られます。実行例から、当初乱数で初期化されたQ1〜Q14の値が徐々に改善されていく過程がわかります。

```
C:\Users\odaka\dl\ch2>qlearning | more
31      27      66      53      97      61      80      40      5       27
91      23      83      11
33      27      66      53      97      61      80      40      5       27
91      23      83      11
35      27      66      53      97      61      80      40      5       27
91      23      83      11
37      27      66      53      97      61      80      40      5       27
91      23      83      11
37      33      66      53      95      61      80      40      5       27
91      23      83      11
37      38      66      53      93      61      80      40      5       27
91      23      83      11

...

50      784     66      24      81      882     80      40      5       27
91      23      83      991
50      784     66      24      81      882     80      40      5       27
91      23      83      991
50      784     66      24      81      882     80      40      5       27
91      23      83      991

C:\Users\odaka\dl\ch2>
```

Q値（Q1〜Q14）が逐次出力される

■実行例2.3　qlearning.c プログラムの実行例

　実行例2.3の結果を時系列でグラフ化した結果を**図2.22**に示します。グラフを見ると、Q14の値が徐々に増加する様子がわかります。また、Q14に至る過程に選択される行動に対応したQ2やQ6の値も、学習の進行に従って順に増加しています。

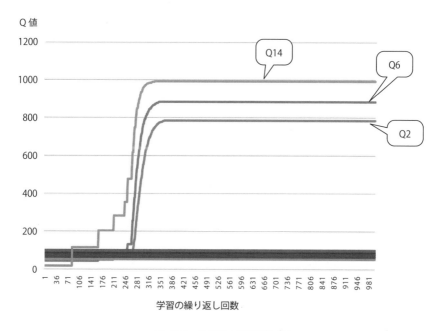

■図2.22　Q学習の学習過程（1）

図2.23は、14番目のノードに加えて、11番目のノードに達した際にも報酬を与えた場合の学習過程です。11番目のノードに達した際の報酬は、14番目のノードの場合の半分としてあります。このため、学習によって得られるQ値も、Q11とQ14では倍程度の差が生じています。

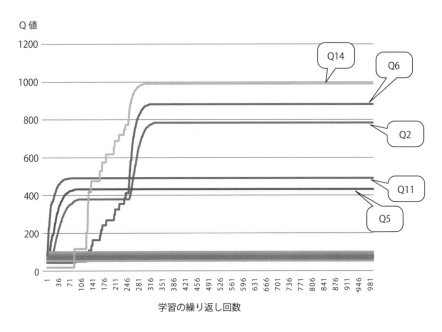

■図 2.23　Q 学習の学習過程（2）

このような設定で qlearning.c プログラムを実行するには、ソースプログラムの 81 行目と 82 行目のコメントを外してプログラムをコンパイルします（**実行例 2.4**）。この場合には、11 番目のノードに達した際には、14 番目のノードに達した場合の半分の報酬を与えています。グラフから、Q 値の学習過程が報酬に比例していることがわかります。

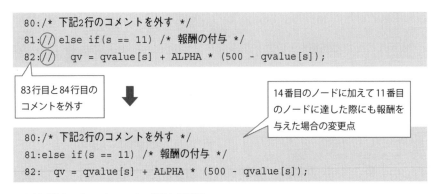

■実行例 2.4　qlearning.c プログラムの実行

第3章

群知能と進化的手法

　本章では、生物にヒントを得た機械学習手法を扱います。まず生物の群れを模擬する群知能を扱い、次に生物進化の特性を学習に利用する進化的手法を扱います。

3.1 群知能

ここでは、粒子群最適化法や蟻コロニー最適化法に代表される、群知能の手法を紹介します。また、蟻コロニー最適化法を取り上げ、プログラムによる具体的な実現方法を示します。

3.1.1 粒子群最適化法

第1章で述べたように、群知能による機械学習では、生物の群れの挙動を模擬することで学習を進めます。たとえば、粒子群最適化法では、魚や鳥などの生物の群れが餌を探して動き回る様子をシミュレートすることで、探索空間内の最適な状態を探し出します。

粒子群最適化法による知識獲得の方法を説明します。今、探索すべき空間が2次元の平面であり、平面上の各点が探索すべき状態を表しているとします。この平面の中を、魚や鳥を模擬した**粒子 (particle)** を移動させます。粒子は平面を移動しつつ、移動経路上の各点での評価値を計算します（**図3.1**）。

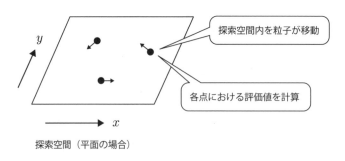

■ 図 3.1　粒子群最適化法における、探索空間内での粒子の挙動

粒子には、過去の記憶を持たせます。特に、過去に得ることのできた評価値と、その時の探索空間内での座標値を覚えておきます。こうすることで、粒子が探しだした最良の値とその位置を知ることができます。

こうした粒子を複数用意し、探索空間内をランダムに動き回らせると、ランダム探索を実現することができます。粒子群最適化法では、単にランダムに粒子を動かすのではなく、一定の方向性をもって粒子を運動させます。この方向性とは、次のような条件です。

3.1 群知能

> **粒子群最適化法における、粒子運動の条件**
> (1) 自分の過去の記憶を参照し、過去最もよい評価値を得た場所の周辺に向かって動く
> (2) 群れ全体として、過去最もよい評価値を得た場所の周辺に向かって動く

この条件を図示すると、**図3.2**のようになります。図3.2では、自分自身の記憶の中で最も評価の高かった場所を目指すとともに、群れ全体の記憶を共有することで、群れ全体として過去最も評価の高かった場所を目指す様子を表しています。

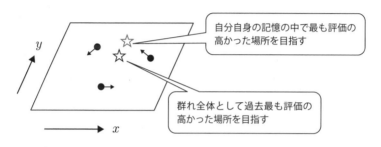

■ 図3.2 粒子群最適化法における粒子群の運動

このことを実現するために、粒子群最適化法では各粒子を**表3.1**のようなデータ構造として定義します。表にあるように、粒子は、自分の位置や速度、評価値とともに、過去の最良位置やその評価値を記憶します。

■ 表3.1 粒子群最適化法における粒子の設計

項目	説明
現在位置	探索空間内での粒子の座標
現在の速度	粒子の現在の速度
評価値	現在位置に対応した評価値
過去の最良位置	自分自身の記憶の中で最も評価の高かった場所の座標
過去の最良評価値	過去の最適位置に対応する評価値

粒子群最適化法では表3.1のような項目を持つ粒子を複数用いて、探索空間内を探索します。この際に、図3.2に示したような運動をさせることで、効率的に最適解を探索します。

3.1.2 蟻コロニー最適化法

群知能の別の例として、第1章で紹介した**蟻コロニー最適化法**を取り上げます。蟻コロニー最適化法は、複数地点を巡る際の最短距離を求めるという趣旨の「巡回セールスマン問題」への適用において、良好な性能を示すことで知られています。

第1章でも述べたように、蟻コロニー最適化法の原理は、蟻の群れが巣穴と餌場の間の最短距離を求める挙動に基づいています。たとえば、**図3.3**のように、巣穴と餌場の間に距離の異なる複数の経路があったとしましょう。蟻は大局的な判断はできませんから、どの経路が近道なのかを直接知ることはできません。そこで最初は、蟻はランダムに経路を選択して移動します。

移動に際して、蟻は**フェロモン（pheromone）**と呼ばれる化学物質を分泌しながら移動します。ここで、フェロモンには蟻を惹きつける作用があるものとします。フェロモンによって、蟻は他の蟻が以前に通過した経路を選択しやすくなります。

フェロモンは経路上に蓄積しますが、揮発性の化学物質なので、時間とともに蒸発してしまいます。図のように距離の異なる経路がある場合、遠回りの経路を通ると巡回に時間がかかり、巡回の間に経路上のフェロモンが蒸発してしまいます。これに対して、距離の短い経路では、往来が頻繁になりフェロモンが蓄積しやすくなります。

蟻の経路選択はフェロモンの濃度に影響を受けるので、当初ランダムだった経路選択は、だんだんとフェロモンの濃度の高い近道の経路の選択に偏ってきます。するとますます、近道の経路のフェロモン濃度があがります。このようにして、蟻の群れは距離の短い経路を選択するようになります。

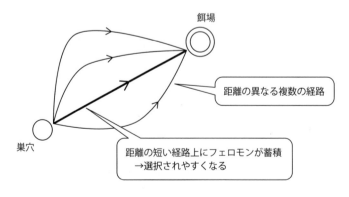

■図3.3　蟻コロニー最適化法の原理

蟻コロニー最適化法をプログラムとして実現するために、これまで述べた原理を具体的に手続きとして表現してみましょう。まず、巣穴と餌場の間の経路には、距離を定義します。また、各経路にはフェロモン濃度をそれぞれ設定します。蟻の群れは、巣穴と餌場の間を移動します。

初期状態では、経路上のフェロモン濃度は0です。そこで、蟻はランダムに各経路を選択して巣穴から餌場へ向かいます。それぞれの蟻の移動距離は、選択した経路ごとに異なります。

ひと通りすべての蟻が餌場に到達した後、経路のフェロモン濃度を更新します。フェロモン濃度は、移動距離が短い方が高くなるように設定します。そこで、移動距離の逆数に適当な係数Qを乗じた値を、各経路に対応したフェロモン濃度値に積算します。以上の処理により、蟻の群れにおける第1回目の移動行動が終了します(**図3.4**)。

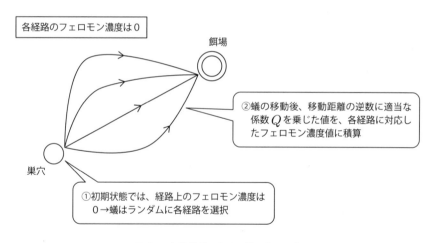

■ 図3.4 初期状態における蟻の群れの挙動

2回目の群れの移動では、フェロモン濃度による経路選択が考慮されます。基本的に、フェロモン濃度の高い経路が優先されるよう経路を選択します。しかしそれだけでは、初回にたまたま濃度の高くなった経路だけが必ず選択されてしまい、他の経路は考慮されなくなってしまいます。そこで、強化学習で行ったε-greedy法のような、確率の要素を取り入れた選択方法を用います。これにより、フェロモン濃度が高くない経路についても、一定の確率で経路として選択するようにしてやります(**図3.5**)。

すべての個体の移動が終了した後、初回の場合と同様に、各経路のフェロモン濃度を更新します。まず、初回に与えられたフェロモンの蒸発をシミュレートするため、各経路に対応したフェロモン濃度に適当な定数ρを乗じます。ρは1未満の定数であり、蒸発の程度を表します。次に、初回の場合と同様に、移動距離の逆数に適当な係数Qを乗じた値を各経路に対応したフェロモン濃度値に積算します。すると、移動距離の短い経路にはより多くのフェロモンが上書きされます。

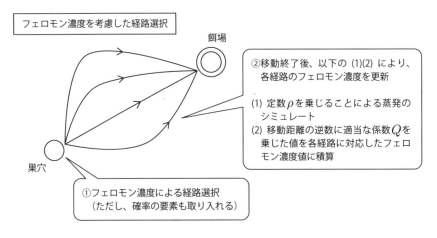

■図3.5　2回目以降の群れの移動

3回目以降は2回目と同様に、蟻の行動選択とフェロモン濃度の更新を行います。これを繰り返すことで、より短い経路のフェロモン濃度が高まっていきます。

以上の処理をまとめると、次のような手順となります。

蟻コロニー最適化法の学習手続き

(1) 経路を設定し、すべての経路に対するフェロモン濃度を0に初期化する
(2) 以下を適当な回数繰り返す
　(2-1) 以下の方法で、すべての蟻を巣穴から餌場まで歩かせる
　　(2-1-1) 確率εでランダムに経路を選択する
　　(2-1-2) 確率$(1-\varepsilon)$で、フェロモン濃度に応じて経路を選択する
　(2-2) 以下の方法で、各個体の移動距離に関連して経路上のフェロモン濃度を更新する
　　(2-2-1) フェロモン濃度に定数ρを乗じて蒸発させる

(2-2-2) 各個体の移動距離L[m]を求め、個体の選択した経路に対応する
フェロモン濃度に以下の値を加える

$Q \times (1/Lm)$

3.1.3　蟻コロニー最適化法の実際

それでは、具体的な例題を使って、蟻コロニー最適化法のプログラムを構成してみましょう。

はじめに、以下のように例題を定義します。

<例題>蟻コロニー最適化法による行動知識の獲得

図3.6に示すように、巣穴と餌場の間に九つの中間分岐点があるような地形を考えます。分岐はすべて2方向への分岐で、それぞれの分岐ごとの道筋には一定の距離が割り当てられています。蟻コロニー最適化法を用いて、巣穴から餌場までの最短経路を辿る行動知識を獲得してください。

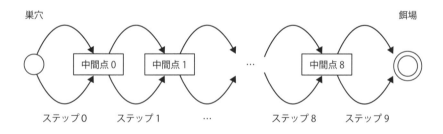

■図3.6　蟻コロニー最適化法による行動知識の獲得例題

以下、図3.6の例題を解くプログラムの構成方法を考えます。まず、必要なデータ構造を検討します。この例題に蟻コロニー最適化法を適用するためには、中間点をつないでいるそれぞれの道の長さが変数として定義される必要があります。また蟻コロニー最適化法を適用するために、それぞれの道筋に対するフェロモン濃度を定義しなければなりません。

そこで、道筋の長さを与える配列cost[][]と、それぞれの道筋に対応したフェロモン濃度を格納する配列pheromone[][]を変数として利用します（**図3.7**）。それぞ

れの配列で、一番目の添え字は2方向の分岐の方向を0または1で表します。図では、上方向を0、下方向を1と表現しています。また2番目の添え字は、ステップの番号を表しています。

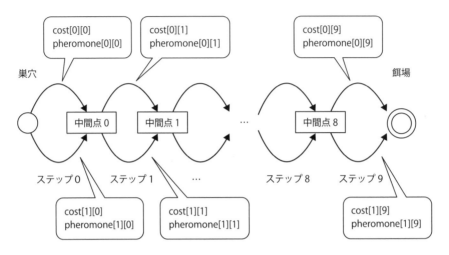

■図3.7　道筋の長さを与える配列 cost[][] と、それぞれの道筋に対応したフェロモン濃度を格納する配列 pheromone[][] のデータ表現方法

蟻コロニー最適化法では、フェロモンの更新を行う際に、それぞれの個体が移動した経路の記録が必要となります。そこで、すべての蟻について、巣穴から餌場までの経路を記録するための配列である mstep[][] 配列を用意します。mstep[][] 配列は、蟻の集団が巣穴から餌場まで移動した際の行動の履歴を格納します。ここで、mstep[][] 配列の最初の添え字は蟻の個体を区別する番号であり、二番目の引数は各ステップにおける分岐方向を0または1で示します。**図3.8**に mstep[][] 配列のデータ表現例を示します。

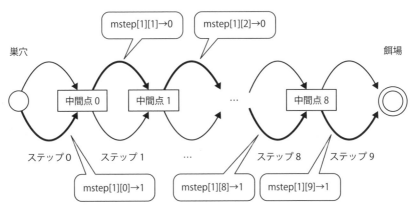

(1) 蟻1の選択した経路(太線)とmstep[][]配列の表現の関係

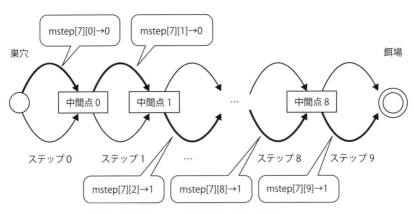

(2) 蟻7の選択した経路(太線)とmstep[][]配列の表現の関係

■ 図3.8　蟻の集団が巣穴から餌場まで移動した際の行動の履歴を格納する mstep[][]配列のデータ表現方法

　図3.8では、上方向への分岐を0で表し、下方向への分岐を1で表しています。図3.8（1）では、蟻1が一歩目のステップ0で下方向（1の方向）へ進んだことを表しています。また、二歩目のステップ1では、蟻1が上方向（0の方向）へ進んだことを表しています。同様に図3.8（2）では、蟻7が一歩目に上方向（0の方向）へ進んだことを表し、二歩目にも同じ上方向に進んだことを表しています。

　次に、プログラムの処理の記述方法を検討します。処理は、先に示した「蟻コロニー最適化法の学習手続き」の処理手順に従って記述していきます。

処理手順 (1) では、経路を設定し、すべての経路に対するフェロモン濃度を0に初期化します。これは、それぞれの配列への初期化手続きとして、次のように記述します。なおここでは、各ステップでの経路長は、短い方をすべて長さ1とし、長い方はすべて長さ5としています。この値は、問題の条件に合わせて任意に設定可能です。

```
int cost[2][STEP] = { /* 各ステップのコスト（距離） */
    {1, 1, 1, 1, 1, 1, 1, 1, 1},
    {5, 5, 5, 5, 5, 5, 5, 5, 5}};
double pheromone[2][STEP] = { 0 }; /* 各ステップのフェロモン量 */
```

次に、処理手順 (2) 以下の繰り返し処理を検討します。処理手順 (2-1) におけるすべての蟻を巣穴から餌場まで歩かせる処理と、処理手順 (2-2) のフェロモン濃度更新処理は、それぞれ関数として実装しましょう。

処理手順 (2-1) に対応する関数は、walk()関数とします。walk()関数内部では、ランダムな経路選択 (2-1-1) と、フェロモン濃度に応じた経路選択 (2-1-2) の二つの処理を、選択的に適用します。この処理は、0～1の値を与える実数乱数関数rand1()を利用して、以下のように記述します。ただし、記号定数EPSILONは、ランダムに行動する場合の選択確率です。

```
if ((rand1() < EPSILON)
    || (abs(pheromone[0][s] - pheromone[1][s]) < 1e-9))
{ /* ランダムに行動 */
  mstep[m][s] = rand01();
}
else { /* フェロモン濃度により選択 */
  if (pheromone[0][s] > pheromone[1][s])
    mstep[m][s] = 0;
  else
    mstep[m][s]=1;
}
```

処理手順 (2-2) に対応する関数は、update()関数とします。まず、下記のようにしてフェロモン濃度に定数ρ（記号定数RHO）を乗じることで蒸発を模擬します。この操作は、先の手順 (2-2-1) に対応します。

```
/* フェロモンの蒸発 */
for (i = 0; i < 2; ++i)
  for (j = 0; j < STEP; ++j)
    pheromone[i][j] *= RHO;
```

次に、手順（2-2-2）により、蟻の移動に対応してフェロモン濃度を更新します。まず、ある蟻個体mがとった行動の履歴から、移動距離lmを計算します。

```
/* 個体mの移動距離lmの計算 */
lm = 0;
for (i = 0; i < STEP; ++i)
  lm += cost[mstep[m][i]][i];
```

次に、lmの逆数に定数Qを乗じた値を、配列pheromone[][]の対応する要素に加算します。

```
/* フェロモンの上塗り */
for (i = 0; i < STEP; ++i)
  pheromone[mstep[m][i]][i] += Q * (1.0 / lm);
  sum_lm += lm;
}
```

以上、処理の概略を説明しました。これらの処理を、**図3.9**に示すような関数の構造として実装することで、蟻コロニー最適化法プログラムaco.cを実現します。

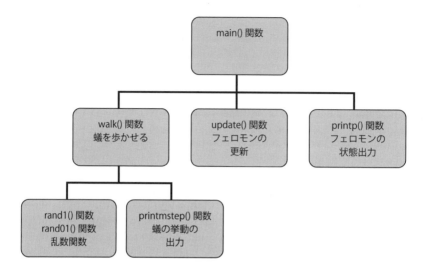

■図3.9　蟻コロニー最適化法プログラム aco.c のモジュール構造

図3.9に従ってaco.cプログラムを構成した例を、**リスト3.1**に示します。

```
1:/*******************************************/
2:/*            aco.c                        */
3:/*  蟻コロニー最適化法（aco）プログラム       */
4:/*    acoにより最適値を学習します             */
5:/*  使い方                                   */
6:/*  C:\Users\odaka\dl\ch3>aco               */
7:/*******************************************/
8:
9:/* Visual Studioとの互換性確保 */
10:#define _CRT_SECURE_NO_WARNINGS
11:
12:/* ヘッダファイルのインクルード */
13:#include <stdio.h>
14:#include <stdlib.h>
15:
16:/* 記号定数の定義 */
17:#define NOA 10         /* 蟻の個体数 */
18:#define ILIMIT 50      /* 繰り返しの回数 */
```

■リスト3.1　aco.c プログラムのソースプログラム

```
19:#define Q 3           /* フェロモン更新の定数 */
20:#define RHO 0.8       /* 蒸発の定数 */
21:#define STEP 10       /* 道のりのステップ数 */
22:#define EPSILON 0.15  /* 行動選択のランダム性を決定 */
23:#define SEED 32768    /* 乱数のシード */
24:
25:/* 関数のプロトタイプの宣言 */
26:void printp(double pheromone[2][STEP]);  /* 表示 */
27:void printmstep(int mstep[NOA][STEP]);
28:                              /* 蟻の挙動の表示 */
29:void walk(int cost[2][STEP],
30:          double pheromone[2][STEP],
31:          int mstep[NOA][STEP]); /* 蟻を歩かせる */
32:void update(int cost[2][STEP],
33:            double pheromone[2][STEP],
34:            int mstep[NOA][STEP]); /* フェロモンの更新 */
35:double rand1(); /* 0〜1の実数を返す乱数関数 */
36:int rand01();   /* 0または1を返す乱数関数 */
37:
38:/***********************/
39:/*     main()関数       */
40:/***********************/
41:int main()
42:{
43:  int cost[2][STEP] = { /* 各ステップのコスト（距離） */
44:    {1, 1, 1, 1, 1, 1, 1, 1, 1, 1},
45:    {5, 5, 5, 5, 5, 5, 5, 5, 5, 5}};
46:  double pheromone[2][STEP] = { 0 }; /* 各ステップのフェロモン量 */
47:  int mstep[NOA][STEP]; /* 蟻が歩いた過程 */
48:  int i; /* 繰り返し回数の制御 */
49:
50:  /* 乱数の初期化 */
51:  srand(SEED);
52:
53:  /* 最適化の本体 */
54:  for (i = 0; i < ILIMIT; ++i) {
55:    /* フェロモンの状態出力 */
56:    printf("%d:\n", i);
```

■ リスト3.1 （つづき）

```
57:    printp(pheromone);
58:    /* 蟻を歩かせる */
59:    walk(cost,pheromone, mstep);
60:    /* フェロモンの更新 */
61:    update(cost,pheromone, mstep);
62:  }
63:  /* フェロモンの状態出力 */
64:  printf("%d:\n", i);
65:  printp(pheromone);
66:
67:  return 0;
68:}
69:
70:/***************************/
71:/*    update()関数         */
72:/*    フェロモンの更新      */
73:/***************************/
74:void update(int cost[2][STEP],
75:            double pheromone[2][STEP],
76:            int mstep[NOA][STEP])
77:{
78:  int m;  /* 蟻の個体番号 */
79:  int lm; /* 蟻の歩いた距離 */
80:  int i, j;
81:  double sum_lm = 0; /* 蟻の歩いた合計距離 */
82:
83:  /*フェロモンの蒸発*/
84:  for (i = 0; i < 2; ++i)
85:    for(j = 0; j < STEP; ++j)
86:      pheromone[i][j] *= RHO;
87:
88:  /* 蟻による上塗り */
89:  for (m = 0; m < NOA; ++m) {
90:    /* 個体mの移動距離lmの計算 */
91:    lm = 0;
92:    for (i = 0; i < STEP; ++i)
93:      lm += cost[mstep[m][i]][i];
94:
```

■ リスト 3.1 （つづき）

```
 95:     /* フェロモンの上塗り */
 96:     for (i = 0; i < STEP; ++i)
 97:       pheromone[mstep[m][i]][i] += Q * (1.0 / lm);
 98:     sum_lm += lm;
 99:   }
100:   /* 蟻の歩いた平均距離を出力 */
101:   printf("%lf\n", sum_lm/NOA);
102:}
103:
104:/*************************/
105:/*    walk()関数         */
106:/*    蟻を歩かせる        */
107:/*************************/
108:void walk(int cost[2][STEP],
109:          double pheromone[2][STEP], int mstep[NOA][STEP])
110:{
111:   int m; /* 蟻の個体番号 */
112:   int s; /* 蟻の現在ステップ位置 */
113:
114:   for (m = 0; m < NOA; ++m) {
115:     for (s = 0; s < STEP; ++s) {
116:       /* ε-greedy法による行動選択 */
117:       if ((rand1() < EPSILON)
118:           || (abs(pheromone[0][s] - pheromone[1][s]) < 1e-9))
119:         { /* ランダムに行動 */
120:           mstep[m][s] = rand01();
121:         }
122:       else { /* フェロモン濃度により選択 */
123:         if (pheromone[0][s] > pheromone[1][s])
124:           mstep[m][s] = 0;
125:         else
126:           mstep[m][s] = 1;
127:       }
128:     }
129:   }
130:   /* 蟻の挙動の出力 */
131:   printmstep(mstep);
132:}
```

■リスト3.1 （つづき）

```
133:
134:/**************************/
135:/*   printmstep()関数      */
136:/*    蟻の挙動の表示       */
137:/**************************/
138:void printmstep(int mstep[NOA][STEP])
139:{
140:  int i, j;
141:
142:  printf("*mstep\n");
143:  for (i = 0; i < NOA; ++i) {
144:    for (j = 0; j < STEP; ++j)
145:      printf("%d ", mstep[i][j]);
146:    printf("\n");
147:  }
148:}
149:
150:/**************************/
151:/*    printp()関数         */
152:/*    フェロモンの表示     */
153:/**************************/
154:void printp(double pheromone[2][STEP])
155:{
156:  int i, j;
157:
158:  for (i = 0; i < 2; ++i) {
159:    for (j = 0; j < STEP; ++j)
160:      printf("%4.2lf ", pheromone[i][j]);
161:    printf("\n");
162:  }
163:}
164:
165:/***************************/
166:/*    rand1()関数           */
167:/* 0～1の実数を返す乱数関数 */
168:/***************************/
169:double rand1()
170:{
171:  /*乱数の計算*/
```

■ リスト3.1　（つづき）

```
172:    return (double)rand() / RAND_MAX;
173:}
174:
175:/***************************/
176:/*       rand01()関数        */
177:/*  0または1を返す乱数関数   */
178:/***************************/
179:int rand01()
180:{
181:    int rnd;
182:
183:    /* 乱数の最大値を除く */
184:    while ((rnd = rand()) == RAND_MAX);
185:    /* 乱数の計算 */
186:    return (int)((double)rnd / RAND_MAX * 2);
187:}
```

■ リスト3.1 （つづき）

　aco.cプログラムの概略を説明します。main()関数内部では、43行〜48行で必要な変数を定義しています。最適化処理の本体は、54行から62行のfor文によって繰り返し実行されます。繰り返しの回数は、18行目の#define文によるILIMIT記号定数により決定します。最適化処理の繰り返しの中では、walk()関数によって蟻を歩かせ、update()関数によりフェロモンを更新しています。

　蟻を歩かせるwalk()関数は108行目から始まります。その中では、114行目からのfor文によってすべての蟻を巣穴から餌場まで歩かせます。各個体を動かすのは115行目からのfor文であり、各ステップごとに、ランダムな行動とフェロモン濃度による行動のいずれかについて乱数を使って選択します。

　フェロモン濃度の更新を担当するupdate()関数（74行〜）では、84行目からのフェロモンの蒸発処理と、89行目からのフェロモンの上塗り処理を行います。後者では、91行〜93行で一つの個体の移動距離を計算し、移動距離の逆数に定数Qを乗じた値を経路上のフェロモンに上書きしています。

　aco.cプログラムの実行例を**実行例3.1**に示します。また、繰り返し回数と蟻の平均移動距離との関係を**図3.10**に示します。図から、繰り返しに従って適切な行動知識が獲得されるため、蟻の群れの平均移動距離が小さくなっていく様子がわかります。

第3章 群知能と進化的手法

```
C:\Users\odaka\dl\ch3>aco
0:
0.00 0.00 0.00 0.00 0.00 0.00 0.00 0.00 0.00 0.00
0.00 0.00 0.00 0.00 0.00 0.00 0.00 0.00 0.00 0.00
*mstep
1 0 0 1 1 1 0 1 0 0
1 0 1 1 0 1 1 0 1 0
1 0 0 1 1 1 1 0 1 0
0 1 0 1 1 1 0 0 0 1
0 0 1 1 0 1 0 0 0 0
0 0 1 0 0 1 0 0 0 1
0 0 1 0 1 1 0 0 0 0
0 1 0 1 0 0 1 0 1 0
0 0 0 0 1 1 1 1 0 1
1 1 1 1 0 1 0 0 0 1
28.400000
1:
0.72 0.79 0.50 0.37 0.56 0.12 0.70 0.89 0.80 0.66
0.36 0.30 0.59 0.72 0.52 0.97 0.39 0.20 0.29 0.42
*mstep
0 0 1 0 1 0 1 1 0 0
1 0 1 0 0 1 0 0 1 0
0 0 0 0 0 1 1 1 1 0
0 0 0 0 1 0 1 1 1 0
1 0 0 1 0 1 0 1 1 0
0 1 1 0 0 0 1 0 1 1
1 0 1 1 1 1 0 0 1 1
0 0 0 1 1 1 0 0 1 1
1 1 0 0 0 0 1 1 1 1
0 1 1 1 1 1 1 1 0 0
30.400000
2:
1.20 1.37 0.92 0.95 0.97 0.51 0.95 1.11 0.83 1.17
0.67 0.51 0.96 0.93 0.91 1.37 0.93 0.77 1.05 0.71
・・・（以下出力が続く）・・・
49:
11.19 11.32 11.18 11.06 11.50 11.44 11.22 11.03 11.20 11.28
```

- 0回目（初期状態）
- 初期状態では、すべての経路のフェロモン濃度は0に初期化されている
- フェロモン濃度がすべて0なので、蟻の挙動は比較的ランダム（各個体、各ステップとも、経路0と経路1の選択割合がほぼ均等）
- 蟻の平均移動距離は28.4
- 1回目
- フェロモン濃度が0から更新されているが、目立った偏りはない
- 蟻の平均移動距離は30.4
- 2回目
- フェロモン濃度は、おおむね、上段の距離の短い経路の方が若干高くなっている

3.1 群知能

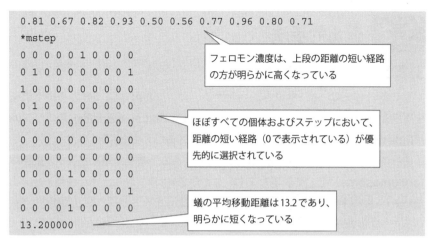

■実行例 3.1　aco.c プログラムの実行例

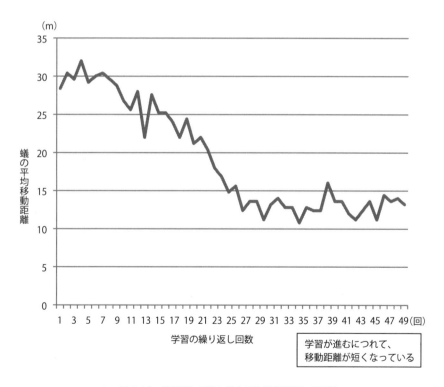

■図 3.10　繰り返し回数と蟻の平均移動距離との関係

3.2 進化的手法

3.2.1 進化的手法とは

　進化的計算とは、第1章でも説明したように、生物の進化に着想を得た機械学習手法です。ここでは、進化的計算手法の代表例である**遺伝的アルゴリズム (Genetic Algorithm：GA)** を取り上げて具体的な方法を説明します。

　遺伝的アルゴリズムでは、知識の獲得対象となる情報を、記号の並びの**染色体 (chromosome)** として表現します。たとえば第2章で取り上げた株価予想の知識であれば、X社の株価を予想するための手がかりとなるパターン（A社からJ社の前日の株価動向）を0または1の記号の並びで表現します。遺伝的アルゴリズムを用いる場合には、このパターンの表現を染色体とします。

　本章前半の蟻コロニー最適化法で取り上げた例題であれば、それぞれの分岐において上下どちらの方向に進むかを0または1の記号の並びで表現した記号列を、染色体とすることができるでしょう。

　染色体が何を表現しているのかは、獲得すべき知識が何であるかに従って解釈されます。記号列による染色体のデータ表現を**遺伝子型（geno type）**と呼び、染色体を解釈して具体的な知識に戻したデータ表現を**表現型（pheno type）**と呼びます。知識をどのように遺伝子型として表現するのかは遺伝的アルゴリズムの学習性能に直結する場合が多いため、それぞれの問題において注意深く設計する必要があります（**図3.11**）。

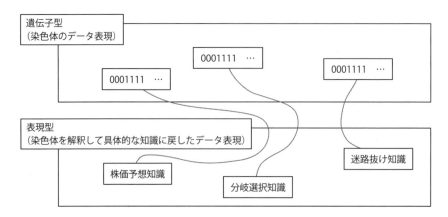

■図3.11　遺伝子型と表現型

さて、獲得対象となる情報が染色体として表現されれば、染色体に対して**遺伝的操作**を加えることで、よりよい染色体を生み出すことができます。遺伝的操作には、**交叉（crossover）**や**突然変異（mutation）**、**選択（selection）**などがあります。

交叉は、二つの親の染色体を組み合わせて子どもの染色体を作り出す遺伝的操作です。たとえば、**図3.12**に示すような二つの親の染色体が選ばれたとします。これらの染色体を、図に示す部分で入れ替えると、子どもの染色体が二つできあがります。1箇所で交叉させるこの操作を、**一点交叉（one point crossover）**と呼びます。交叉には一点交叉の他に、2箇所で交叉させる**2点交叉（two point crossover）**、あるいは一定の確率で遺伝子座を入れ替える**一様交叉（uniform crossover）**などの方法があります。

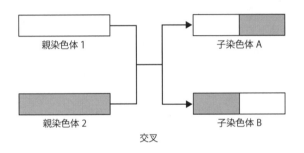

■図3.12　交叉の例（一点交叉）

突然変異は、染色体の情報をランダムに書き換える操作です。たとえば**図3.13**では、染色体の一部分である遺伝子座をある確率で選び、その遺伝子座の0/1を反転させています。この操作を**反転（flip bit）**の突然変異と呼びます。突然変異には、遺伝子座の情報を入れ替えたり、複数の遺伝子座を操作対象にするなど、さまざまな方法があります。

■図3.13　突然変異の例（反転）

選択は、染色体の評価値に基づいて染色体を選り分ける操作です。基本的には、評価値の高い染色体を選んで後世代に残すことで、染色体集団が進化します。しかし常に評価値の高い染色体のみを選択するのでは、遺伝情報の多様性が失われてしまいます。多様性が失われると、大域的な探索ができなくなり、局所的な解のみにとらわれてしまう危険性が増します。このため、単に評価値の高いものを選ぶだけでなく、ε-greedy法のような確率的な選別方法を導入しなければなりません。

一つの方法に、**ルーレット選択（roulette wheel selection）** という方法があります。ルーレット選択では、ルーレットを使って染色体を選択します。普通のルーレットはボールの落ちるポケットは均等の面積となっています。しかしルーレット選択で用いるルーレットでは、ボールの落ちるポケットには、選択すべき染色体の評価値に比例した面積が割り当てられます。この結果、評価値の高い染色体が選択される可能性は高くなりますが、評価値の低い染色体も低確率ながら選ばれる可能性が残ります。

たとえば**図3.14**の例では、染色体2の評価値が高いため、染色体2に対応したポケット2の面積が大きくなっています。逆に、評価値の低い染色体3に対応したポケット3は、面積が小さくなっています。このルーレットを使って選択を実施すると、ポケット2にボールが落ちる可能性が高く、結果として染色体2が選ばれる確率が高くなります。しかし染色体3が選ばれる確率もありますから、多様性を維持することができます。

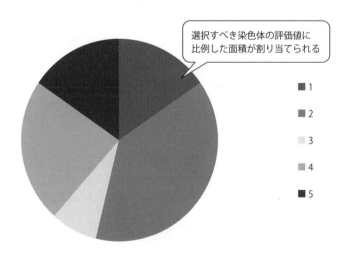

■図3.14　ルーレット選択に用いるルーレットの構造

以上の遺伝的操作を用いて、遺伝的アルゴリズムでは次のような手順で学習を進めます。

遺伝的アルゴリズムの処理手順

(1) 染色体集団の乱数による初期化
(2) 以下を適当な回数繰り返す
　(2-1) 以下を適当な回数繰り返し、次世代の染色体集団を適当な個数だけ生み出す
　　(2-1-1) 親をルーレット選択などで選択する
　　(2-1-2) 一点交叉などを施す
　(2-2) 以下を適当な回数繰り返す
　　(2-2-1) ある確率である遺伝子座を選び出す
　　(2-2-2) 突然変異を施す(反転の点突然変異など)
　(2-3) ルーレット選択などにより、親世代と同数の子世代集団を選択する

3.2.2 遺伝的アルゴリズムによる知識獲得

それでは、例題を設定して、実際に遺伝的アルゴリズムのプログラムを構成してみましょう。

＜例題＞遺伝的アルゴリズムによる最適知識の獲得

30個の荷物からなる**ナップサック問題**について、最適解を求めてください。ただしナップサック問題とは次のような問題です(**図3.15**)。

今、複数の荷物があったとします。それぞれの荷物は、一定の重さ(重量)と値段(価値)が与えられています。これらの荷物の中からいくつかを選び出してナップサックに詰め込みます。この際、ナップサックには重量制限があるので、荷物の重さの合計は一定以下としなければなりません。この条件下で、できるだけ値段の合計を高くするような荷物の組み合わせを探します。

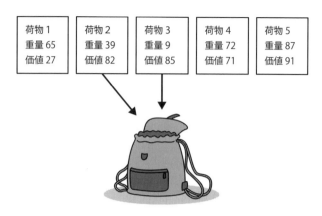

① それぞれの荷物は、一定の重さ（重量）と値段（価値）が与えられている
② いくつかを選び出して、重量制限のあるナップサックに詰め込み、価値の合計を最大とする組み合わせを探す

■図3.15　ナップサック問題

　はじめに、染色体の表現方法を考えます。ナップサック問題では、どの荷物をナップサックに詰め込むかを0/1で表現するのが素直な方法です。そこで、荷物の個数だけ0/1を並べ、ナップサックに入れる荷物に対応する遺伝子座を1とし、入れない荷物に対応する遺伝子座を0とします。たとえば図3.15で、5個の荷物のうち2番目と3番目だけをナップサックに詰めるとします。この場合には染色体の表現は"01100"のようになります。

　染色体の評価は、ナップサックに詰めた荷物の価値の合計で計算します。ただし、ナップサックの制限重量を超えたら、価値は0とします。たとえば図3.15の場合で、ナップサックの制限重量が100であったとします。この場合、2番目と3番目の荷物をナップサックに詰める染色体"01100"では、価値は次のように計算されます。

染色体"01100"の場合
価値
　82+85=167
重量
　39+9=48

重量の合計値は48であり、合計の重量が制限重量以下ですので、価値の合計である167が、そのまま染色体の評価値となります。

これに対して、たとえば図3.15のすべての荷物をナップサックに詰める場合を考えると、染色体の表現は"11111"となります。価値と重量について同様に考えると、

染色体"11111"の場合
価値
　27+82+85+71+91=356
重量
　65+39+9+72+87=272

となり、価値の合計値は大きいのですが、重量の合計が重量制限の100を超えているため、染色体の評価値は0となってしまいます。

　染色体の表現方法と評価の方法が決まりましたので、あとは先に示した手続きに従って遺伝的アルゴリズムのプログラムを組み立てます。まず、データ構造について検討します。遺伝的アルゴが操作対象とするのは、染色体の集団です。そこで、染色体の集団をC言語の変数として表現しましょう。

　染色体は0/1の並びで表現されますから、一つの染色体は1次元の配列で表現することができます。これが複数集まって染色体の集団を構成します。そこで、染色体の集団は次のような2次元配列で表現します。

```
int pool[POOLSIZE][N];          /* 染色体プール */
int ngpool[POOLSIZE * 2][N];    /* 次世代染色体プール */
```

ここで、記号定数POOLSIZEは、各世代の染色体集団に含まれる染色体の個数を与えます。pool[][]配列はある世代の染色体を保持し、ngpool[][]配列は遺伝的操作の途中で次世代の染色体の候補となる個体を保持します。ngpool[][]配列の要素数は、pool[][]配列の2倍としてあります。これは、子世代の染色体を多目に作成しておき、その中から選択の遺伝的操作で適当なものを選び出す操作を行うためです。

　ナップサック問題では、それぞれの荷物の重量と価値を保持する必要があります。ここでは、parcel[][]という名称の2次元配列で重量と価値を保持します。ここで、最初の添え字は荷物の区別を表し、2番目の添え字は重量と価値の区別を与え

ます。以下では、2番目の添え字が0の場合に重量を表し、1の場合に価値を表すものとして扱います。また、記号定数Nは荷物の個数です。

```
int parcel[N][2]; /* 荷物 */
```

それでは次に、手順に従って具体的処理の記述方法を考えます。まず、処理手順(1)の、染色体集団の乱数による初期化は次のように行います。

```
int i, j; /* 繰り返しの制御変数 */

for (i = 0; i < POOLSIZE; ++i)
  for (j = 0; j < N; ++j)
    pool[i][j] = rndn(2);
```

ここで、関数rndn()は、引数として与えた数値未満で0以上の乱数を返す関数です。ここでは、0または1をランダムに生成させて、染色体集団を初期化します。

次に処理手順(2)ですが、for文を用いて以下の処理を適当な回数繰り返します。まず(2-1)の交叉の処理ですが、最初に親の選択を行うルーレットを作成します。具体的には、次のようにして配列roulette[]を作成し、それとともに評価値の合計値totalfitnessを計算します。ここで、関数evalfit()は、引数として与えられた染色体の評価値を計算する関数です。

```
/* ルーレットの作成 */
for (i = 0; i < POOLSIZE; ++i) {
  roulette[i] = evalfit(pool[i]);
  /* 評価値の合計値を計算 */
  totalfitness += roulette[i];
}
```

これらの結果を用いて手順(2-1-1)の親の選択を次のように記述します。

```
do { /* 親の選択 */
  mama = selectp(roulette, totalfitness);
  papa = selectp(roulette, totalfitness);
} while (mama == papa); /* 重複の削除 */
```

ここで、関数selectp()は、ルーレット選択によって親を一つ選び出す関数です。また、上記では同じ染色体を2回選んでしまって交叉が無効になることを防いでいます。

次に、手順 (2-1-2) の一点交叉などを次のように実装します。ここで、m[]配列とp[]配列は親の染色体であり、c1[]配列とc2[]配列は子の染色体を保持しています。

```
/* 交叉点の決定 */
cp = rndn(N);

/* 前半部分のコピー */
for (j = 0; j < cp; ++j) {
  c1[j] = m[j];
  c2[j] = p[j];
}
/* 後半部分のコピー */
for (; j < N; ++j) {
  c2[j] = m[j];
  c1[j] = p[j];
}
```

続いて、手順 (2-2) における突然変異の処理は次のように実装します。下記のif文が手順 (2-2-1) に対応し、最後の代入文が (2-2-2) に対応します。なおnotval()関数は、0と1を反転させる関数です。

```
for (i = 0; i < POOLSIZE * 2; ++i)
  for (j = 0; j < N; ++j)
    if ((double)rndn(100) / 100.0 <= MRATE)
      /* 反転の突然変異 */
      ngpool[i][j] = notval(ngpool[i][j]);
```

以上の処理を、**図3.16**に示すようなモジュール構造でプログラムとして実装します。プログラムの名称はkpga.cとしましょう。

第3章　群知能と進化的手法

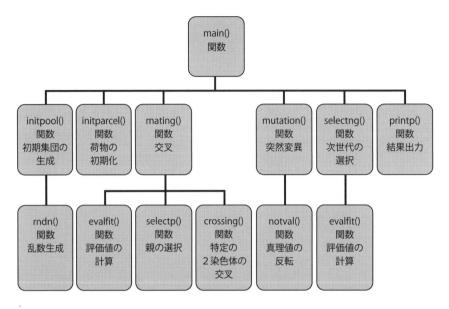

■図 3.16　kpga.c プログラムのモジュール構造

以上に基づいて構成した kpga.c プログラムのソースコードを**リスト 3.2** に示します。

```
 1:/*********************************************************/
 2:/*                    kpga.c                             */
 3:/*    ナップサック問題のGAによる求解プログラム           */
 4:/*  GAによって、ナップサック問題の最良解を探索します     */
 5:/*  使い方                                               */
 6:/*  C:\Users\odaka\dl\ch3>kpga < data.txt                */
 7:/*********************************************************/
 8:
 9:/* Visual Studioとの互換性確保 */
10:#define _CRT_SECURE_NO_WARNINGS
11:
12:/* ヘッダファイルのインクルード */
13:#include <stdio.h>
14:#include <stdlib.h>
15:#include <limits.h>
16:
```

■リスト 3.2　kpga.c プログラム

```c
17:/* 記号定数の定義 */
18:#define MAXVALUE 100             /* 重さと価値の最大値 */
19:#define N 30                     /* 荷物の個数 */
20:#define WEIGHTLIMIT (N * MAXVALUE / 4) /* 重量制限 */
21:#define POOLSIZE 30              /* プールサイズ */
22:#define LASTG 50                 /* 打ち切り世代 */
23:#define MRATE 0.01               /* 突然変異の確率 */
24:#define SEED 32767               /* 乱数のシード */
25:#define YES 1                    /* yesに対応する整数値 */
26:#define NO 0                     /* noに対応する整数値 */
27:
28:/* 関数のプロトタイプの宣言 */
29:void initparcel();                          /* 荷物の初期化 */
30:int evalfit(int gene[]);                    /* 適応度の計算 */
31:void mating(int pool[POOLSIZE][N],
32:            int ngpool[POOLSIZE * 2][N]);   /* 交叉 */
33:void mutation(int ngpool[POOLSIZE * 2][N]); /* 突然変異 */
34:void printp(int pool[POOLSIZE][N]);         /* 結果出力 */
35:void initpool(int pool[POOLSIZE][N]);       /* 初期集団の生成 */
36:int rndn();                                 /* n未満の乱数の生成 */
37:int notval(int v);                          /* 真理値の反転 */
38:int selectp(int roulette[POOLSIZE], int totalfitness);
39:                                            /* 親の選択 */
40:void crossing(int m[], int p[], int c1[], int c2[]);
41:                                            /* 特定の2染色体の交叉 */
42:void selectng(int ngpool[POOLSIZE * 2][N],
43:              int pool[POOLSIZE][N]);       /* 次世代の選択 */
44:
45:/* 大域変数（荷物データ） */
46: int parcel[N][2]; /* 荷物 */
47:
48:/*******************/
49:/*    main()関数    */
50:/*******************/
51:int main(int argc,char *argv[])
52:{
53:   int pool[POOLSIZE][N];        /* 染色体プール */
54:   int ngpool[POOLSIZE * 2][N];  /* 次世代染色体プール */
55:   int generation;               /* 現在の世代数 */
```

■ リスト3.2 （つづき）

```
 56:
 57:   /* 乱数の初期化 */
 58:   srand(SEED);
 59:
 60:   /* 荷物の初期化 */
 61:   initparcel();
 62:
 63:   /* 初期集団の生成 */
 64:   initpool(pool);
 65:
 66:   /* 打ち切り世代まで繰り返し */
 67:   for (generation = 0; generation < LASTG; ++generation) {
 68:     printf("%d世代\n", generation);
 69:     mating(pool, ngpool);      /* 交叉 */
 70:     mutation(ngpool);          /* 突然変異 */
 71:     selectng(ngpool, pool);    /* 次世代の選択 */
 72:     printp(pool);              /* 結果出力 */
 73:   }
 74:
 75:   return 0;
 76:}
 77:
 78:/****************************/
 79:/*      initparcel()関数     */
 80:/*      荷物の初期化         */
 81:/****************************/
 82:void initparcel()
 83:{
 84:   int i = 0;
 85:   while ((i < N) &&
 86:          (scanf("%d %d", &parcel[i][0], &parcel[i][1])
 87:           != EOF)) {
 88:     ++i;
 89:   }
 90:}
 91:
 92:/***********************/
 93:/*     selectng()関数    */
```

■ リスト3.2 (つづき)

```
94:/*      次世代の選択          */
95:/***********************/
96:void selectng(int ngpool[POOLSIZE*2][N],
97:                int pool[POOLSIZE][N])
98:{
99:   int i, j, c;               /* 繰り返しの制御変数 */
100:  int totalfitness = 0;      /* 適応度の合計値 */
101:  int roulette[POOLSIZE * 2]; /* 適応度を格納 */
102:  int ball;                   /* 玉（選択位置の数値） */
103:  int acc = 0;                /* 適応度の積算値 */
104:
105:  /* 選択を繰り返す */
106:  for (i = 0; i < POOLSIZE; ++i) {
107:    /* ルーレットの作成 */
108:    totalfitness = 0;
109:    for (c = 0; c < POOLSIZE * 2; ++c) {
110:      roulette[c] = evalfit(ngpool[c]);
111:      /* 適応度の合計値を計算 */
112:      totalfitness += roulette[c];
113:    }
114:    /* 染色体を一つ選ぶ */
115:    ball=rndn(totalfitness);
116:    acc = 0;
117:    for (c = 0; c < POOLSIZE * 2; ++c) {
118:      acc += roulette[c];    /* 適応度を積算 */
119:      if (acc > ball) break; /* 対応する遺伝子 */
120:    }
121:
122:    /* 染色体のコピー */
123:    for (j = 0; j < N; ++j) {
124:      pool[i][j] = ngpool[c][j];
125:    }
126:  }
127:}
128:
129:/***********************/
130:/*    selectp()関数       */
131:/*      親の選択          */
```

■リスト 3.2 （つづき）

```
132:/***********************/
133:int selectp(int roulette[POOLSIZE], int totalfitness)
134:{
135:    int i;           /* 繰り返しの制御変数 */
136:    int ball;        /* 玉(選択位置の数値) */
137:    int acc = 0;     /* 適応度の積算値 */
138:
139:    ball = rndn(totalfitness);
140:    for (i = 0; i < POOLSIZE; ++i) {
141:        acc += roulette[i];   /* 適応度を積算 */
142:        if (acc > ball) break; /* 対応する遺伝子 */
143:    }
144:    return i;
145:}
146:
147:/***********************/
148:/*    mating()関数       */
149:/*       交叉            */
150:/***********************/
151:void mating(int pool[POOLSIZE][N],
152:            int ngpool[POOLSIZE * 2][N])
153:{
154:    int i;                    /* 繰り返しの制御変数 */
155:    int totalfitness = 0;     /* 適応度の合計値 */
156:    int roulette[POOLSIZE];   /* 適応度を格納 */
157:    int mama, papa;           /* 親の遺伝子の番号 */
158:
159:    /* ルーレットの作成 */
160:    for (i = 0; i < POOLSIZE; ++i) {
161:        roulette[i] = evalfit(pool[i]);
162:        /* 適応度の合計値を計算 */
163:        totalfitness += roulette[i];
164:    }
165:
166:    /* 選択と交叉を繰り返す */
167:    for (i = 0; i < POOLSIZE; ++i) {
168:        do { /* 親の選択 */
169:            mama = selectp(roulette, totalfitness);
```

■リスト3.2 (つづき)

```
170:      papa = selectp(roulette, totalfitness);
171:    } while (mama == papa); /* 重複の削除 */
172:
173:    /* 特定の2染色体の交叉 */
174:    crossing(pool[mama], pool[papa],
175:             ngpool[i * 2], ngpool[i * 2 + 1]);
176:  }
177:}
178:
179:/************************/
180:/*   crossing()関数       */
181:/*   特定の2染色体の交叉    */
182:/************************/
183:void crossing(int m[], int p[], int c1[], int c2[])
184:{
185:  int j;   /* 繰り返しの制御変数 */
186:  int cp;  /* 交叉する点 */
187:
188:  /* 交叉点の決定 */
189:  cp = rndn(N);
190:
191:  /* 前半部分のコピー */
192:  for (j = 0; j < cp; ++j) {
193:    c1[j] = m[j];
194:    c2[j] = p[j];
195:  }
196:  /* 後半部分のコピー */
197:  for (; j < N; ++j) {
198:    c2[j] = m[j];
199:    c1[j] = p[j];
200:  }
201:}
202:
203:/************************/
204:/*   evalfit()関数        */
205:/*     適応度の計算        */
206:/************************/
207:int evalfit(int g[])
```

■ リスト 3.2 （つづき）

```
208:{
209:    int pos;              /* 遺伝子座の指定 */
210:    int value = 0;        /* 評価値 */
211:    int weight = 0;       /* 重量 */
212:
213:    /* 各遺伝子座を調べて重量と評価値を計算 */
214:    for (pos = 0; pos < N; ++pos) {
215:      weight += parcel[pos][0] * g[pos];
216:      value += parcel[pos][1] * g[pos];
217:    }
218:    /* 致死遺伝子の処理 */
219:    if (weight >= WEIGHTLIMIT) value = 0;
220:    return value;
221:}
222:
223:/***********************/
224:/*    printp()関数      */
225:/*    結果出力         */
226:/***********************/
227:void printp(int pool[POOLSIZE][N])
228:{
229:    int i, j;                  /* 繰り返しの制御変数 */
230:    int fitness;               /* 適応度 */
231:    double totalfitness = 0;   /* 適応度の合計値 */
232:    int elite, bestfit = 0;    /* エリート遺伝子の処理用変数 */
233:
234:    for (i = 0; i < POOLSIZE; ++i) {
235:      for (j = 0; j <N ; ++j)
236:        printf("%1d", pool[i][j]);
237:      fitness = evalfit(pool[i]);
238:      printf("\t%d\n", fitness);
239:      if (fitness > bestfit) {  /* エリート解 */
240:        bestfit = fitness;
241:        elite = i;
242:      }
243:      totalfitness += fitness;
244:    }
245:    /* エリート解の適応度を出力 */
```

■リスト3.2 (つづき)

```
246:    printf("%d\t%d \t", elite, bestfit);
247:    /* 平均の適応度を出力 */
248:    printf("%lf\n", totalfitness / POOLSIZE);
249:}
250:
251:/***********************/
252:/*    initpool()関数      */
253:/*      初期集団の生成       */
254:/***********************/
255:void initpool(int pool[POOLSIZE][N])
256:{
257:    int i, j; /* 繰り返しの制御変数 */
258:
259:    for (i = 0; i < POOLSIZE; ++i)
260:      for (j = 0; j < N; ++j)
261:        pool[i][j] = rndn(2);
262:}
263:
264:/***********************/
265:/*     rndn()関数         */
266:/*     n未満の乱数の生成    */
267:/***********************/
268:int rndn(int l)
269:{
270:    int rndno ; /* 生成した乱数 */
271:
272:    while ((rndno = ((double)rand()/ RAND_MAX) * l) == l);
273:
274:    return rndno;
275:}
276:
277:/***********************/
278:/*    mutation()関数      */
279:/*     突然変異           */
280:/***********************/
281:void mutation(int ngpool[POOLSIZE * 2][N])
282:{
283:    int i, j; /* 繰り返しの制御変数 */
```

■ リスト 3.2 （つづき）

```
284:
285:  for (i = 0; i < POOLSIZE * 2; ++i)
286:    for (j = 0; j < N; ++j)
287:      if ((double)rndn(100) / 100.0 <= MRATE)
288:        /* 反転の突然変異 */
289:        ngpool[i][j] = notval(ngpool[i][j]);
290:}
291:
292:/************************/
293:/*    notval()関数         */
294:/*    真理値の反転         */
295:/************************/
296:int notval(int v)
297:{
298:  if (v==YES) return NO;
299:  else return YES;
300:}
```

■リスト3.2 (つづき)

　kpga.cプログラムの内部を簡単に説明します。最初に、荷物の個数や染色体集団の個体数などに関する定数を、記号定数として定義しています。ここでは、**表3.2**に示すような定数を、プログラムの18行～26行で定義しています。表にあるように、ここでは、重さと価値の最大値は100であり、荷物の個数は30個とし、重量制限は重量合計最大値の1/4としています。また、染色体の個数は30であり、遺伝的操作を50世代に渡り繰り返します。

■表3.2　kpga.cプログラムの設定（記号定数の定義）

記号定数	値	意味
MAXVALUE	100	重さと価値の最大値
N	30	荷物の個数
WEIGHTLIMIT	(N*MAXVALUE/4)	重量制限
POOLSIZE	30	プールサイズ
LASTG	50	打ち切り世代
MRATE	0.01	突然変異の確率
SEED	32767	乱数のシード
YES	1	yesに対応する整数値
NO	0	noに対応する整数値

処理の本体となるmain()関数内部を順に説明します。まず荷物に関するデータを、main()関数内部の61行目でinitparcel()関数を呼び出して読み込みます。また、染色体の初期集団を、initpool()関数を用いて乱数により初期化します。

遺伝的アルゴリズムの処理の本体は、67行目から始まるfor文により記述されます。for文内部では、mating()関数による交叉処理、mutation()関数による突然変異の処理、そしてselectng()関数による次世代集団の選択処理が順に実行されます。

kpga.cプログラムの実行には、荷物のデータを格納したファイルdata.txtが必要です。荷物のデータは、**実行例3.2**に示すように、1行に一つの荷物に関する情報を、重量と価値の順に記述します。このデータは任意に作成可能ですが、乱数を用いて荷物データを作成するプログラムであるkpdatagen.cプログラムを用いて作成することができます（kpdatagen.cプログラムのソースプログラムについては、付録Aを参照してください）。

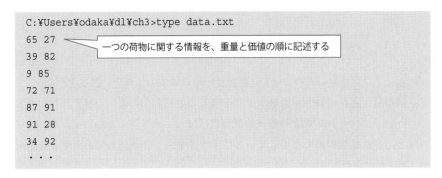

■実行例3.2　ナップサックに詰め込む荷物のデータ（data.txtファイルに格納する）

kpga.cプログラムの実行例を**実行例3.3**に示します。図にあるように、kpga.cプログラムを実行すると、各世代での染色体の様子や評価値、あるいは世代ごとの最良評価値や平均評価値などが出力されます。

```
C:\Users\odaka\dl\ch3>kpga < data.txt
0世代
00000101010011001111100000101101    743
00000101011010001100011110000     579
01111101100100001111000010100     892
10000110010010101101001000100     516
（以下、各染色体が表示される）
01000010011010110101001011010     771
10100001100000101000100000001     448
 6     921       649.733333
1世代
00101011100110100101001010000     795
00000101011010001100011110000     579
01000010011010110101001010010     722
（以下、各世代の状態が表示される）
01101101110111100101010010010     953
 7    1093       967.466667
```

■実行例 3.3　kpga.c プログラムの実行例

（注釈）
- 0世代における、最良染色体の評価値と、染色体集団の平均評価値
- 50世代後の、最良染色体の評価値と、染色体集団の平均評価値

　kpga.c プログラムが求めた最良評価値と平均評価値の推移を、**図 3.17** に示します。図から、それぞれの評価値が世代を経るごとに向上していく様子がわかります。kpga.c プログラムでは 50 世代の計算にはほとんど時間がかからず、実行時間のほとんどは結果の出力に要しているにすぎません。それにも関わらず、最適解の 9 割程度にあたる評価値を得ています。

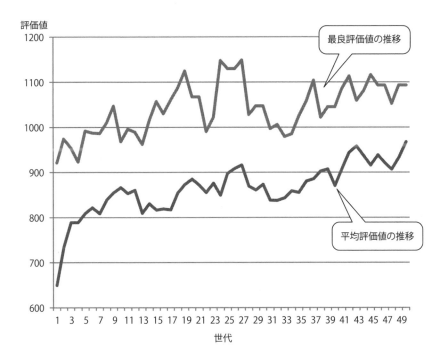

■ 図 3.17　kpga.c プログラムが求めた最良評価値と平均評価値の推移

なお、data.txtに格納した荷物について、すべての組み合わせを調べることで、この問題に対する最適解を求めることができます（すべての組み合わせを調べる全探索プログラム direct.c を、付録Bに示します）。

遺伝的アルゴリズムでは、最適解の9割程度の評価値を得るためには、ほとんど時間を要しません。これに対して、全探索を実行する direct.c プログラムは、探索を終了するまでに普通のPCで数分程度を要します。**表 3.3** に、あるコンピュータ上におけるそれぞれのプログラムの実行時間の比較例を示します。

■ 表 3.3　kpga.c プログラム（遺伝的アルゴリズム）と direct.c プログラム（全探索）実行時間の比較（一例）

	direct.c プログラム（全探索）	kpga.c プログラム（遺伝的アルゴリズム）
real（終了までに要した時間）	3m43.322s	0m0.247s
user（ユーザプログラムのCPU時間）	3m42.722s	0m0.077s
sys（システム処理時間）	0m0.046s	0m0.015s

遺伝的アルゴリズムのプログラムであるkpga.cは、全探索プログラムdirect.cと比較して、計算時間（user time）で比較して2900倍程度高速です。もちろん、kpga.cプログラムは最適解の9割程度の評価値を持つ準最適解を求めているに過ぎませんので、単純に遺伝的アルゴリズムが優位であるとは言えません。むしろ、遺伝的アルゴリズムは「まずまず」の結果を「素早く」求めるのに向いていると言えるでしょう。

第4章

ニューラルネット

　本章では、深層学習の基礎となる技術であるニューラルネットを扱います。はじめにニューラルネットの基本構成要素である人工ニューロンの挙動について述べます。次に人工ニューロンを組み合わせてニューラルネットを構築する方法をいくつか示し、比較的簡単なニューラルネットをプログラムで表現する方法を述べます。そのうえで、深層学習でも利用されている学習手法であるバックプロパゲーションの学習アルゴリズムをプログラムで実現します。

4.1 ニューラルネットワークの基礎

本節では、ニューラルネットの原理を示し、比較的簡単なニューラルネットをプログラムで表現する方法を示します。

4.1.1 人工ニューロンのモデル

ニューラルネット（neural network） は、**神経細胞（neuron）** をモデル化した計算素子である**人工ニューロン（artificial neuron）** を組み合わせたものです。そこで最初に、人工ニューロンについて説明しましょう。人工ニューロンは**ニューロ素子**、あるいは**ニューロセル**とも呼びます。

生物の神経細胞は、他の複数の神経細胞から信号を受け取り、細胞内で処理を施したうえで、出力信号を他の神経細胞に送ります。人工ニューロンは、この挙動を単純化して数学的に模擬した計算素子です。

図4.1に人工ニューロンの構成を示します。図では、単体の人工ニューロンの構成を示しています。人工ニューロンは、複数の入力信号を受け取り、適当な計算を施したうえで、出力信号を出力します。入力信号は、外界から与えられたり、あるいはネットワークを構成する他の人工ニューロンから伝達されたりします。

図4.1で、入力された値x_iは、入力ごとにあらかじめ決められた定数w_iを掛けあわせます。この定数w_iを**重み（weight）** と呼びます。入力信号は重みを掛けあわせた上で足し合わせ、さらに**しきい値**と呼ばれる定数vを減算します。こうして、入力信号を積算してしきい値を引いた積算値を、以下では記号uを用いて表します。最後に、積算値uを**伝達関数（transfer function）** で処理した結果である$f(u)$を、人工ニューロンの出力zとします。伝達関数は、**出力関数（output function）** とも呼ばれます。

4.1 ニューラルネットワークの基礎

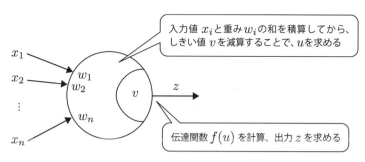

ただし　$x_1 \sim x_n$　：入力
　　　　$w_1 \sim w_n$　：重み
　　　　　v　　　：しきい値
　　　　　z　　　：出力

■図 4.1　人工ニューロンの構成

以上の過程を数式で表現すると、次のようになります。

$$u = \sum_i x_i w_i - v$$
$$z = f(u)$$
…(1)

上式 (1) で、伝達関数にはさまざまな関数を用いることができます。たとえば**ステップ関数 (step function)** や、**シグモイド関数 (sigmoid function)** などがよく用いられます。

ステップ関数は、入力が 0 以上であれば 1 を返し、0 未満であれば 0 を返す非線形関数です。**図4.2**にステップ関数のグラフを示します。

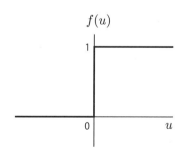

■図 4.2　ステップ関数

シグモイド関数は、以下のような関数です。

$$f(u) = \frac{1}{1+e^{-u}}$$

シグモイド関数のグラフを**図4.3**に示します。シグモイド関数は、図に示すような、なめらかな関数です。シグモイド関数を用いると、後述するバックプロパゲーションにおける学習の計算処理が容易となるため、バックプロパゲーションを利用する場合の伝達関数としてよく用いられます。

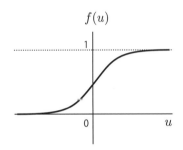

■図4.3　シグモイド関数

具体的な例を示すことで、人工ニューロンの挙動を調べてみましょう。たとえば、**図4.4**に示すような人工ニューロンを考えます。

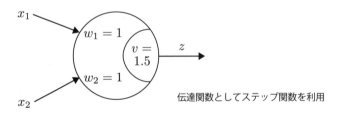

■図4.4　人工ニューロンの例（1）

図4.4では、二つの入力を持つ人工ニューロンを示しています。入力としてx_1およびx_2という入力信号を受け取ります。以下ではこれを（x_1,x_2）と書くことにします。二つの入力それぞれに対応した重みw_1,w_2があり、図では両方とも値が1です。しきい値は1.5であり、伝達関数はステップ関数です。

この状態で、たとえば入力として（x_1,x_2）＝（0,0）を与える場合を考えます。式

(1) に従って計算します。

$$u_{00} = \sum_i x_i w_i - v$$
$$= 1 \times 0 + 1 \times 0 - 1.5$$
$$= -1.5$$
$$z_{00} = f(-1.5)$$
$$= 0$$

以上のように、入力 (0,0) に対して、出力 $z_{00}=0$ を得ます。同様にして、入力 (0,1), (1,0) および (1,1) に対する出力 z_{01}、z_{10}、z_{11} をそれぞれ計算します。

$$z_{01} = 0$$
$$z_{10} = 0$$
$$z_{11} = 1$$

以上の計算結果から、図4.4の人工ニューロンはAND論理素子と同様の動作をすることがわかります。

図4.4の人工ニューロンでしきい値を0.5に変更すると、それに従って出力も変わります。計算結果は**表4.1**のようになり、今度はOR論理素子と同様の挙動を示します。

■表4.1　図4.4の人工ニューロンで、しきい値を0.5とした場合の出力

入力	u	z
(0,0)	-0.5	0
(0,1)	0.5	1
(1,0)	0.5	1
(1,1)	1.5	1

以上の結果から、人工ニューロンの挙動は、重みとしきい値を変更することで変化することがわかります。逆に、人工ニューロンにある挙動をさせたいのであれば、その挙動に対応する重みとしきい値を決定する必要があります。つまり人工ニューロンにおける学習とは、重みやしきい値を適切に決定するための手続きを意味します。この学習手続きについては、後で改めて解説します。

次に、図4.4と同様の設定で、入力が一つしかない人工ニューロンについて考えます。重みを-1とし、しきい値を-0.5とした場合について、入力値0と1についてそれぞれ計算を施すと、次のようになります。

$$
\begin{aligned}
u_0 &= \sum_i x_i w_i - v \\
&= 0 \times (-1) - (-0.5) \\
&= 0.5 \\
z_0 &= f(0.5) = 1 \\
u_1 &= \sum_i x_i w_i - v \\
&= 1 \times (-1) - (-0.5) \\
&= -0.5 \\
z_1 &= f(-0.5) = 0
\end{aligned}
$$

上記の結果は、NOT論理素子と同じです。以上のように、人工ニューロンは基本的な論理素子と同等の処理能力を有しており、人工ニューロンを適切に組み合わせることで任意の論理回路を構成することが可能です。

また、以上の例では伝達関数としてステップ関数を用いたので出力は0または1となりましたが、伝達関数を取り換えれば0/1以外の連続値を出力させることも可能です。つまり、人工ニューロンはディジタル論理素子として機能するだけでなく、さまざまな連続値関数を表現することも可能です。

4.1.2　ニューラルネットと学習

それでは次に、複数の人工ニューロンを組み合わせて、複数の人工ニューロンからなるニューラルネットを構成する方法を説明しましょう。

構成方法の一つは、人工ニューロンを層状に並べ、ある層の出力と次の層の入力を順に結合する方法です。**図4.5**にこうした構成のネットワーク例を示します。図では、二つの入力信号を受け取り、一つの出力信号が表れるニューラルネットを示しています。

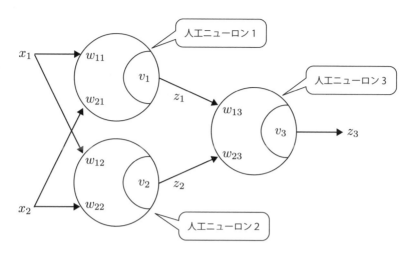

■図4.5 フィードフォワード型ニューラルネット（2入力1出力の2層ネットワーク）

このようなネットワークの出力を計算するには、ネットワークを構成する人工ニューロンの挙動を一つずつ順に計算してやります。たとえば図4.5であれば、入力を受け取った二つの人工ニューロンについてそれぞれ出力z_1, z_2を計算し、その結果を利用して、出力層の人工ニューロンの出力z_3を計算します。

図4.5のような層状のネットワークでは、入力から出力に向けて順に信号が伝搬していきます。そこでこのようなネットワークを**フィードフォワード型ネットワーク（feed forward network）**、あるいは**階層型ネットワーク（layered network）**と呼びます。

実際の計算方法を見てみましょう。図4.5で、重みとしきい値が次のようであったとします。

$$(w_{11}, w_{12}, w_{21}, w_{22}, w_{13}, w_{23}) = (-2, -2, 3, 1, -60, 94)$$
$$(v_1, v_2, v_3) = (-1, 0.5, -1)$$

また、伝達関数にはステップ関数を用いたとします。この時、入出力の関係を計算すると、**表4.2**のようになります。この結果は、EOR（排他的論理和）素子の演算を意味します。

■ 表 4.2 図 4.5 のネットワークの計算例

x_1	x_2	u_1	z_1	u_2	z_2	u_3	z_3
0	0	1	1	−0.5	0	−59	0
0	1	4	1	0.5	1	35	1
1	1	2	1	−1.5	0	−59	0
1	0	−1	0	−2.5	0	1	1

　以上のように、単体の人工ニューロンの場合と同じく、ニューラルネットでは重みとしきい値の設定によってその挙動が決まります。したがってこれも単体の人工ニューロンの場合と同様、ニューラルネットにおける学習とは、重みとしきい値を適切に調整する手続きを意味します。この手続きは、たとえば教師あり学習の枠組みで考えると、次のような手続きとなります。

ニューラルネットの学習手続き
(1) すべての重みとしきい値を（たとえばランダムに）初期化する
(2) 以下を適当な回数繰り返す
　(2-1) 学習データセットから一つの学習例を選び、ニューラルネットに与えて出力を計算する
　(2-2) 教師データとニューラルネットの出力を比較し、誤差が小さくなるよう重みとしきい値を調節する

　上記の手続きを繰り返して、ニューラルネットの出力と教師データが一致するようになれば、ニューラルネットの学習が終了します。たとえば学習データセットとして AND 論理素子の入出力関係を与えればニューラルネットは AND 論理素子として機能するようになり、EOR 論理素子の学習データを与えればそのように機能するようになります。
　ここで問題となるのは、手順 (2-2) における重みとしきい値の調節方法です。これまで示した機械学習の方法、たとえば遺伝的アルゴリズムを用いてこの調整を行うことも可能ですが、もっと効率的な学習方法が知られています。その学習方法が、第 1 章で述べたバックプロパゲーションです。バックプロパゲーションの具体的アルゴリズムについては、本章の後半で扱います。

4.1.3 ニューラルネットの種類

前節では、非常に単純なフィードフォワード型ネットワークを取り上げて、その挙動と学習の概念を説明しました。フィードフォワード型ネットワークは、さまざまな形式に拡張可能です。

たとえば、**図4.6**では階層を3層構造としたフィードフォワード型ネットワークを示しています。このように、ネットワークに含まれる人工ニューロンを増やしたり、階層を増やしたりすることで、ネットワークの規模を拡大することが可能です。

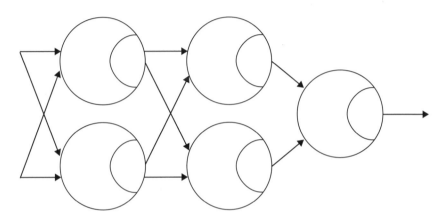

■図4.6　2入力3階層のフィードフォワード型ネットワーク

図4.6では3層のネットワークを示しましたが、4層以上の多層ネットワークを構成することも可能です。既に述べたように、深層学習では、大規模で多層からなる構造を有するネットワークを扱います。

フィードフォワード型のネットワークでは、単に規模を拡大するだけでなく、さまざまなネットワークの形式を考えることができます。たとえば、層間の結合は必ずしも全結合である必要はありません。前段の特定の部分にのみ次段の人工ニューロンが接続されるような構成も考えられます。深層学習では、こうした特徴を有するネットワークも扱います（このようなネットワークについては、第5章で改めて説明します）。

ニューラルネットはフィードフォワード型ばかりではなく、フィードフォワード型ではないネットワークを構成することも可能です。たとえば、**図4.7**のように、ある人工ニューロンの出力を前段の人工ニューロンの入力に加えることもできま

す。このようなネットワークを**リカレントネットワーク（recurrent network）**と呼びます。リカレントネットワークの構成方法の一例として、ホップフィールドモデルに基づくネットワークがあります。ホップフィールドモデルのネットワークでは、ネットワークを構成するすべての人工ニューロンの入力は、自分以外の人工ニューロンの出力となっています。

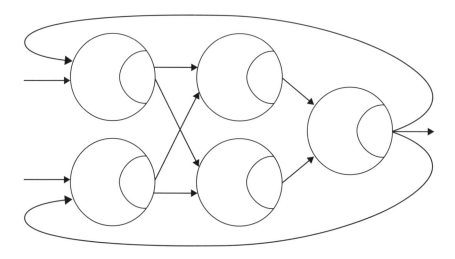

■図4.7　リカレントネットワークの例

4.1.4　人工ニューロンの計算方法

次に、ニューラルネットの計算プログラムについて検討しましょう。はじめに、ニューラルネットの基礎となる、ニューロン単体の計算処理を実現するプログラムneuron.cを構成してみましょう。

まず、neuron.cプログラムで用いるデータ構造を考えます。単体の人工ニューロンの計算では、人工ニューロンの構成を決定する次の項目が計算に必要です。

> 入力数（例：2入力、3入力など）
> 伝達関数の種類（例：ステップ関数、シグモイド関数など）
> 各入力に対応した重みw_i
> しきい値v

これらのうち、入力数と伝達関数の種類については、プログラム内では固定的に扱うことにします。つまり、入力数は記号定数とし、伝達関数はC言語の関数として表現することにします。

これに対して、重みとしきい値については、変数としましょう。ここで、重みとしきい値は常に一緒に扱われますから、両者を同一の配列に格納することにします。たとえば、**図4.8**のような2入力の人工ニューロンであれば、配列w[]の先頭2要素w[0],w[1]に重みを格納し、3番目の要素w[2]にしきい値を格納することにします。

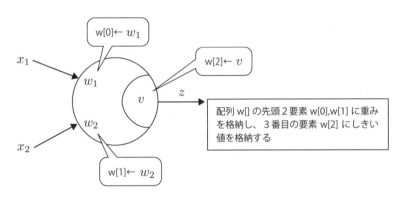

■図4.8　重みwとしきい値vの、配列w[]への格納方法

以上は人工ニューロンそのものを表現するためのデータ構造です。人工ニューロンの挙動を計算するためには、これらとは別に、人工ニューロンに与える入力データも必要です。ここでは、入力データを一括して読み込み、適当な配列に格納しておくことにします。

入力データを格納する配列として、複数の入力データを保持するために、2次元の配列を用います。たとえば図4.8の2入力人工ニューロンに4セットの入力データ $(x_1,x_2)_1, (x_1,x_2)_2, (x_1,x_2)_3, (x_1,x_2)_4$ を与える場合には、次のように配列e[0][]～e[3][]に入力データを保持します。

e[0][0],e[0][1] ← $(x_1,x_2)_1$
e[1][0],e[1][1] ← $(x_1,x_2)_2$
e[2][0],e[2][1] ← $(x_1,x_2)_3$
e[3][0],e[3][1] ← $(x_1,x_2)_4$

以上のデータ構造を利用して、人工ニューロンの処理手続きをプログラムとして記述します。これまでの説明から、人工ニューロンを計算するプログラムの処理手順は次のようになります。

単体の人工ニューロンにおける、入力信号に対する出力値の計算手順
(1) 重みとしきい値を初期化する
(2) 入力データを読み込む
(3) 以下をすべての入力データについて計算する
　(3-1) 入力値と対応する重みを掛けて足し合わせる
　(3-2) しきい値を引く
　(3-3) 伝達関数を用いて出力値を計算する

上記手順のうち、手順(3)の計算部分は、C言語では次のように表現します。

```
/* 計算の本体 */
u = 0;
for (i = 0; i < INPUTNO; ++i)
  u += e[i] * w[i]; /* 手順(3-1) */
u -= w[i];          /* 手順(3-2)、しきい値の処理 */
/* 出力値の計算 */
o = f(u);           /*手順(3-3) */
```

ここまでの考えをもとに、**図4.9**に示すモジュール構造を持ったプログラムneuron.cを構成します。

4.1 ニューラルネットワークの基礎

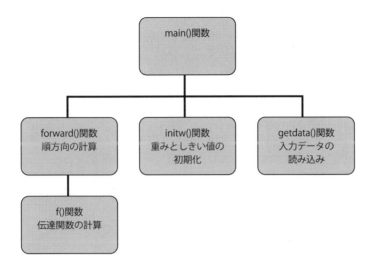

■図4.9　neuron.c プログラムのモジュール構造

　以上でプログラムを構成する準備が整いました。実際にC言語のプログラムとして構成したneuron.cプログラムを、**リスト4.1**に示します。

```
 1:/***********************************************************/
 2:/*                 neuron.c                                */
 3:/*   単体の人工ニューロンの計算                              */
 4:/*   適当な重みとしきい値を有する人工ニューロンを模擬します  */
 5:/*   使い方                                                 */
 6:/*     C:\Users\odaka\dl\ch4>neuron                        */
 7:/***********************************************************/
 8:
 9:/* Visual Studioとの互換性確保 */
10:#define _CRT_SECURE_NO_WARNINGS
11:
12:/* ヘッダファイルのインクルード */
13:#include <stdio.h>
14:#include <stdlib.h>
15:#include <math.h>
16:
17:/* 記号定数の定義 */
```

■リスト4.1　neuron.c プログラムのソースプログラム

```
18:#define INPUTNO 2            /* 入力数 */
19:#define MAXINPUTNO 100       /* データの最大個数 */
20:
21:/* 関数のプロトタイプの宣言 */
22:double f(double u);                  /* 伝達関数 */
23:void initw(double w[INPUTNO + 1]);
24:                                     /* 重みとしきい値の初期化 */
25:double forward(double w[INPUTNO + 1],
26:               double e[INPUTNO]);   /* 順方向の計算 */
27:int getdata(double e[][INPUTNO]);    /* データ読み込み */
28:
29:/*******************/
30:/*    main()関数    */
31:/*******************/
32:int main()
33:{
34:   double w[INPUTNO + 1];            /* 重みとしきい値 */
35:   double e[MAXINPUTNO][INPUTNO];    /* データセット */
36:   double o;                         /* 出力 */
37:   int i, j;                         /* 繰り返しの制御 */
38:   int n_of_e;                       /* データの個数 */
39:
40:   /* 重みの初期化 */
41:   initw(w);
42:
43:   /* 入力データの読み込み */
44:   n_of_e = getdata(e);
45:   printf("データの個数:%d\n", n_of_e);
46:
47:   /* 計算の本体 */
48:   for (i = 0; i < n_of_e; ++i) {
49:     printf("%d ", i);
50:     for ( j = 0; j < INPUTNO; ++j)
51:       printf("%lf ", e[i][j]);
52:     o = forward(w, e[i]);
53:     printf("%lf\n", o);
54:   }
55:
```

■ リスト 4.1 （つづき）

```
56:    return 0;
57:}
58:
59:/*********************/
60:/*   getdata()関数      */
61:/*  学習データの読み込み   */
62:/*********************/
63:int getdata(double e[][INPUTNO])
64:{
65:    int n_of_e = 0; /* データセットの個数 */
66:    int j = 0;      /* 繰り返しの制御用 */
67:
68:    /* データの入力 */
69:    while (scanf("%lf", &e[n_of_e][j]) != EOF) {
70:        ++j;
71:        if (j >= INPUTNO) { /* 次のデータ */
72:            j = 0;
73:            ++n_of_e;
74:        }
75:    }
76:    return n_of_e;
77:}
78:
79:/*********************/
80:/*   forward()関数     */
81:/*   順方向の計算       */
82:/*********************/
83:double forward(double w[INPUTNO + 1], double e[INPUTNO])
84:{
85:    int i;          /* 繰り返しの制御 */
86:    double u, o;    /* 途中の計算値uと出力o */
87:
88:    /* 計算の本体 */
89:    u = 0;
90:    for (i =0; i < INPUTNO; ++i)
91:        u += e[i] * w[i];
92:    u -= w[i]; /* しきい値の処理 */
93:    /* 出力値の計算 */
```

■ リスト4.1 （つづき）

```
 94:    o = f(u);
 95:    return o;
 96:}
 97:
 98:/*********************/
 99:/*     initw()関数       */
100:/*     重みの初期化       */
101:/*********************/
102:void initw(double w[INPUTNO + 1])
103:{
104:    /* 定数を荷重として与える */
105:    w[0] = 1;
106:    w[1] = 1;
107:    w[2] = 1.5;
108:    // w[2] = 0.5;
109:}
110:
111:/*******************/
112:/* f()関数          */
113:/* 伝達関数         */
114:/*******************/
115:double f(double u)
116:{
117:    /* ステップ関数の計算 */
118:    if (u >= 0) return 1.0;
119:    else return 0.0;
120:
121:    /* シグモイド関数の計算 */
122:    // return 1.0 / (1.0 + exp(-u));
123:}
```

■リスト4.1　（つづき）

　neuron.cプログラムでは、105行～107行の代入文によって、重みとしきい値を設定しています。この部分の値を変更することで、人工ニューロンの働きを変更させることができます。リスト4.1では、

```
/* 定数を荷重として与える */
w[0] = 1;
w[1] = 1;
w[2] = 1.5;
```

とすることで、先に示した図4.4の場合と同様に、AND論理素子として機能する設定としています。

neuron.cプログラムの実行例を**実行例4.1**に示します。図では、入力に対する計算値が、AND論理素子と同様の結果となっています。

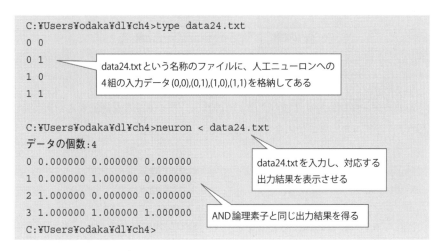

■実行例4.1　neuron.cプログラムの実行例

4.1.5　ニューラルネットの計算方法

次に、人工ニューロンを複数接続したニューラルネットの計算プログラムを構成します。ここでは、**図4.10**に示すような階層型ニューラルネットの計算プログラムnn.cを考えます。

第4章 ニューラルネット

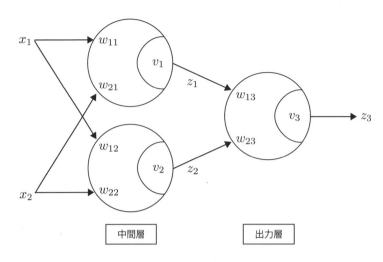

■図4.10 nn.cプログラムが対象とするニューラルネット

　人工ニューロンの計算に倣って図4.10のニューラルネットを計算するためには、次のような重みやしきい値の変数を定義する必要があります。

```
double wh[HIDDENNO][INPUTNO + 1]; /* 中間層の重み */
double wo[HIDDENNO + 1];          /* 出力層の重み */
```

　これらの配列変数の他に必要となる、入力数や伝達関数の定義は、人工ニューロンの場合と同様にプログラムに埋め込む形式で定義します。また、入力データの配列による保持方法も、neuron.cプログラムの場合と同様とします。

　以上のデータ構造を用いてニューラルネットの計算を行います。計算手続きは以下のようであり、人工ニューロンの場合とよく似た内容となります。

図4.10の階層型ニューラルネットにおける、入力信号に対する出力値の計算手順

(1) 重みとしきい値を初期化する
(2) 入力データを読み込む
(3) 以下をすべての入力データについて計算する
　(3-1) 入力値と重みwhを用いて、出力層への出力hiを求める
　(3-2) hiと重みwoを用いて、出力値を計算する

上記手順のうち、手順 (3-1) と手順 (3-2) の計算部分は、先に示した単体の人工ニューロンの場合と同様に計算します。たとえば手順 (3-1) であれば、C言語のプログラムとして以下のように表現します。

```c
/* hiの計算 */
for (i = 0; i < HIDDENNO; ++i) {
  u = 0;          /* 重み付き和を求める */
  for (j = 0; j < INPUTNO; ++j)
    u += e[j] * wh[i][j];
  u -= wh[i][j]; /* しきい値の処理 */
  hi[i] = f(u);
}
```

ここで、記号定数HIDDENNOは、前段（中間層）の人工ニューロンの個数を表します。また、f()関数は伝達関数です。

手順 (3-2) も、上記手順 (3-1) とほぼ同様の計算手続きです。C言語のプログラムでは、次のように記述することができます。

```c
/* 出力oの計算 */
for (i = 0; i < HIDDENNO; ++i)
 o += hi[i] * wo[i];
o -= wo[i]; /* しきい値の処理 */
o = f(o);   /* 伝達関数の計算 */
```

ここまでの考えをもとに、**図4.11**に示すモジュール構造を持ったプログラムnn.cを構成します。

第4章 ニューラルネット

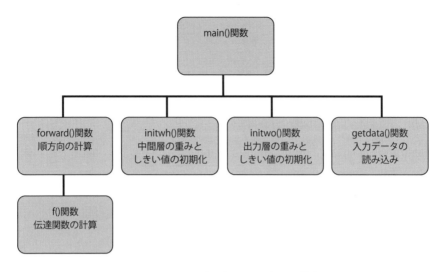

■図 4.11　nn.c プログラムのモジュール構造

以上でプログラムを構成する準備が整いました。実際にC言語のプログラムとして構成したnn.cプログラムを、**リスト4.2**に示します。

```
 1:/***********************************************************/
 2:/*                    nn.c                                 */
 3:/* 単純な階層型ニューラルネットの計算                      */
 4:/* 1出力のネットワークを計算します（学習なし）             */
 5:/* 使い方                                                  */
 6:/*   C:\Users\odaka\dl\ch4>nn <data.txt                    */
 7:/***********************************************************/
 8:
 9:/* Visual Studioとの互換性確保 */
10:#define _CRT_SECURE_NO_WARNINGS
11:
12:/* ヘッダファイルのインクルード */
13:#include <stdio.h>
14:#include <stdlib.h>
15:#include <math.h>
16:
17:/* 記号定数の定義 */
```

■リスト 4.2　nn.c プログラム

4.1 ニューラルネットワークの基礎

```c
18:#define INPUTNO 2         /* 入力層のセル数 */
19:#define HIDDENNO 2        /* 中間層のセル数 */
20:#define MAXINPUTNO 100    /* データの最大個数 */
21:
22:/* 関数のプロトタイプの宣言 */
23:double f(double u);                      /* 伝達関数 */
24:void initwh(double wh[HIDDENNO][INPUTNO + 1]);
25:                                          /* 中間層の重みの初期化 */
26:void initwo(double wo[HIDDENNO + 1]); /* 出力層の重みの初期化 */
27:double forward(double wh[HIDDENNO][INPUTNO + 1],
28:               double wo[HIDDENNO + 1], double hi[],
29:               double e[INPUTNO]);   /* 順方向の計算 */
30:int getdata(double e[][INPUTNO]);     /* データ読み込み */
31:
32:/*******************/
33:/*    main()関数    */
34:/*******************/
35:int main()
36:{
37:   double wh[HIDDENNO][INPUTNO + 1]; /* 中間層の重み */
38:   double wo[HIDDENNO + 1];          /* 出力層の重み */
39:   double e[MAXINPUTNO][INPUTNO];    /* データセット */
40:   double hi[HIDDENNO + 1];          /* 中間層の出力 */
41:   double o;                         /* 出力 */
42:   int i, j;                         /* 繰り返しの制御 */
43:   int n_of_e;                       /* データの個数 */
44:
45:   /* 重みの初期化 */
46:   initwh(wh);
47:   initwo(wo);
48:
49:   /* 入力データの読み込み */
50:   n_of_e = getdata(e);
51:   printf("データの個数:%d\n", n_of_e);
52:
53:   /* 計算の本体 */
54:   for (i = 0; i < n_of_e; ++i) {
55:      printf("%d ", i);
```

■ リスト4.2 （つづき）

```
56:    for (j = 0; j < INPUTNO; ++j)
57:      printf("%lf ", e[i][j]);
58:    o = forward(wh, wo, hi, e[i]);
59:    printf("%lf\n", o);
60:  }
61:
62:  return 0;
63:}
64:
65:/***********************/
66:/*  getdata()関数       */
67:/*  学習データの読み込み  */
68:/***********************/
69:int getdata(double e[][INPUTNO])
70:{
71:  int n_of_e = 0; /* データセットの個数 */
72:  int j = 0;      /* 繰り返しの制御用 */
73:
74:  /* データの入力 */
75:  while (scanf("%lf", &e[n_of_e][j]) != EOF) {
76:    ++j;
77:    if (j >= INPUTNO) { /* 次のデータ */
78:      j = 0;
79:      ++n_of_e;
80:    }
81:  }
82:  return n_of_e;
83:}
84:
85:/***********************/
86:/*  forward()関数       */
87:/*   順方向の計算         */
88:/***********************/
89:double forward(double wh[HIDDENNO][INPUTNO + 1],
90:               double wo[HIDDENNO + 1], double hi[],
91:               double e[INPUTNO])
92:{
93:  int i, j; /* 繰り返しの制御 */
```

■リスト4.2 (つづき)

```
 94:    double u; /* 重み付き和の計算 */
 95:    double o; /* 出力の計算 */
 96:
 97:    /* hiの計算 */
 98:    for (i = 0; i < HIDDENNO; ++i) {
 99:      u = 0;          /* 重み付き和を求める */
100:      for(j = 0; j < INPUTNO; ++j)
101:        u += e[j] * wh[i][j];
102:      u -= wh[i][j]; /*しきい値の処理*/
103:      hi[i] = f(u);
104:    }
105:    /* 出力oの計算 */
106:    o = 0;
107:    for (i = 0; i < HIDDENNO; ++i)
108:      o += hi[i] * wo[i];
109:    o -= wo[i]; /* しきい値の処理 */
110:
111:    return f(o);
112:}
113:
114:/************************/
115:/*    initwh()関数       */
116:/* 中間層の重みの初期化    */
117:/************************/
118:void initwh(double wh[HIDDENNO][INPUTNO + 1])
119:{
120:
121:    /* 荷重を定数として与える */
122:    wh[0][0] = -2;
123:    wh[0][1] = 3;
124:    wh[0][2] = -1;
125:    wh[1][0] = -2;
126:    wh[1][1] = 1;
127:    wh[1][2] = 0.5;
128:}
129:
130:/************************/
131:/*    initwo()関数       */
```

■リスト4.2 （つづき）

```
132:/* 出力層の重みの初期化      */
133:/************************/
134:void initwo(double wo[HIDDENNO + 1])
135:{
136:    /* 荷重を定数として与える */
137:    wo[0] = -60;
138:    wo[1] = 94;
139:    wo[2] = -1;
140:}
141:
142:/*******************/
143:/* f()関数          */
144:/* 伝達関数         */
145:/*******************/
146:double f(double u)
147:{
148:    /* ステップ関数の計算 */
149:    if (u >= 0) return 1.0;
150:    else return 0.0;
151:
152:    /* シグモイド関数の計算 */
153:    // return 1.0 / (1.0 + exp(-u));
154:}
```

■リスト4.2 （つづき）

　nn.cプログラムの処理がneuron.cプログラムと大きく異なるのは、89行からのforward()関数内部の計算処理です。ここでは、98行目から104行にかけて前段（中間層）の計算を行い、続く106行から111行において出力層の計算を行っています。

　またnn.cプログラムでは、重みデータやしきい値データなどのデータ量が増加したのに伴い、変数の定義や初期化の手順が増えています。初期化の例で言えば、重みwhの初期化を担当するinitowh()関数（118行～）や、重みwoの初期化をするinitwo()関数（134行～）などが追加されています。

　nn.cプログラムの実行例を**実行例4.2**に示します。実行例4.2では、nn.cプログラムがEOR論理素子と同様の処理を行う様子が示されています。

```
C:¥Users¥odaka¥dl¥ch4>nn < data24.txt
データの個数:4
0 0.000000 0.000000 0.000000
1 0.000000 1.000000 1.000000
2 1.000000 0.000000 1.000000
3 1.000000 1.000000 0.000000

C:¥Users¥odaka¥dl¥ch4>
```

> data24.txtを入力し、対応する出力結果を表示させる

> EOR論理素子と同様の出力結果となっている

■実行例 4.2 nn.c プログラムの実行例

4.2 バックプロパゲーションによるニューラルネットの学習

　前節では、人工ニューロンおよびニューラルネットの計算方法を示しました。ここでは、ニューラルネットの学習手続きについて説明します。特に、階層型ネットワークで広く用いられている**バックプロパゲーション（back propagation）**について詳しく説明します。

4.2.1　パーセプトロンの学習手続き

　第1章で述べたように、ニューラルネット研究の初期にあたる1950年代には、**パーセプトロン（perceptron）**と呼ばれる階層型ニューラルネットが広く研究対象とされていました。パーセプトロンの学習手続きは単純ですが、実はバックプロパゲーションの基本形と考えることができます。そこでここでは、パーセプトロンの学習手続きを紹介します。

　図4.12に、パーセプトロンの構造を示します。パーセプトロンは、入力層（刺激層）、中間層（連想層）および出力値（応答層）の3層からなる、階層型ニューラルネットです。ただし、入力層は入力信号を次段の人工ニューロンに伝えるだけの固定化した素子です。また、入力層から中間層に向かう重みとしきい値は、ランダムに初期化した固定の数値です。これに対して出力層への重みは、学習手続きに従って変更が可能です。

　この設定で、パーセプトロンの学習においては、出力層の重みとしきい値を変更することで学習を進めます。このため、パーセプトロンの学習能力は限定され

ており、中間層の固定化された重みとしきい値の設定によっては、学習データを満足するような学習ができない場合があります。後で示すバックプロパゲーションでは、この点を改良し、出力層だけでなく前段の重みやしきい値も学習対象としています。

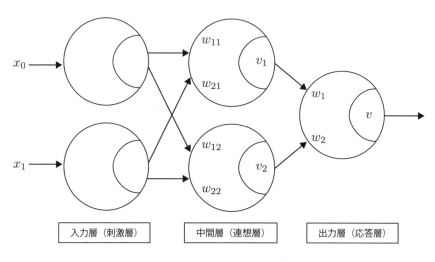

■図4.12 パーセプトロンの構造

　パーセプトロンの学習、すなわち出力層の重みとしきい値の学習は、教師データを含む学習データを用いて行われます。その方法は、基本的には、先に示したニューラルネットの一般的な学習方法と同様です。すなわち、学習データセットから一つの学習例を選び、ニューラルネットに与えて出力を計算します。そして、教師データとニューラルネットの出力を比較し、誤差が小さくなるよう重みとしきい値を調節します。

　ここで、誤差が小さくなるような調整方法として、次のような方法を考えます。すなわち、誤差を以下の2通りに分類して、それぞれ次のような操作を行います。

> (a) 出力値が教師データと比較して小さいならば、出力が大きくなるように重みやしきい値を更新する
> (b) 出力値が教師データよりも大きいならば、出力が小さくなるように重みやしきい値を更新する

ここで、誤差Eを次のように定義します。

$$E = o_t - o$$

ただし、o_tは教師データであり、oは実際の出力です。このように誤差を定義すると、上記（a）と（b）の操作は、次のように同じ更新式で表現することができます。すなわち、誤差Eと中間層からの出力h_iを用いて、h_iに対応した重みw_iを更新する計算は次のようになります。

$$w_i \leftarrow w_i + \alpha \times E \times h_i$$

ただし、αは学習係数と呼ばれる定数です。さらに、上式に伝達関数の影響を考慮した項を加えると、更新式は次のようになります。

$$w_i \leftarrow w_i + \alpha \times E \times f'(u) \times h_i$$

ここで、伝達関数としてシグモイド関数を用いると、微係数$f'(u)$は以下のように簡単に計算できます。

$$\begin{aligned} f'(u) &= f(u) \times (1 - f(u)) \\ &= o \times (1 - o) \end{aligned}$$

上式を前式に代入すると、重みの更新式は以下のようになります。

$$w_i \leftarrow w_i + \alpha \times E \times o \times (1 - o) \times h_i \qquad \cdots(2)$$

次に、しきい値の更新については、中間層からの出力h_iが常に-1である特殊な結合についての重みとして扱えば、そのまま重みと同じ更新式で処理することができます。

以上をまとめると、パーセプトロンの学習は、式 (2) を使って出力層の重みとしきい値を逐次更新していく手続きであると言えます。

4.2.2 バックプロパゲーションの処理手続き

前節で、出力層の重みを学習する方法を示しました。ここでは、さらに前段の重みを、バックプロパゲーションを用いて学習する方法を示します。

バックプロパゲーションすなわちback propagationとは、逆向き（back）に何かを伝える（propagation）という意味を表します。バックプロパゲーションでは、実は誤差を逆向きに伝えています。ここで逆向きとは、階層型ネットワークにおいて、入力から出力に向けて計算を行う方向を順方向とし、出力から入力に遡る計算を逆方向と考え、誤差を出力から入力方向に順に伝えていくということを表しています。

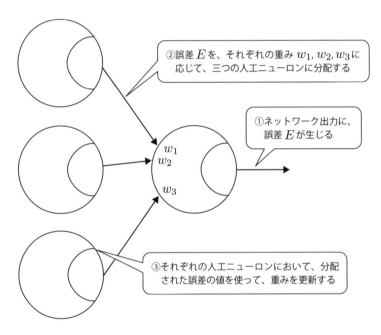

■図4.13　バックプロパゲーションにおける、中間層の誤差の考え方

図 **4.13** を使ってバックプロパゲーションの基本的な考え方を説明します。今、ネットワークの最終出力に誤差 E が生じたとします。出力層の重みとしきい値は、先の式 (2) で学習することができます。これに対して中間層の学習においては、中間層と出力層の結合の強さが、誤差 E への影響の強さであると考えます。つまり、全体の出力結果の誤差に対する中間層の「責任」は、中間層から出力層への結合の

度合いに応じて、中間層を構成する人工ニューロンがそれぞれ分担して負っていると考えます。図4.13の例で言えば、中間層の三つの人工ニューロンは、出力層への結合の重みw_1〜w_3に応じて誤差に影響を与えていると考えます。

こうすると出力層の人工ニューロンに強く結合している中間層の人工ニューロンほど、誤差への寄与が大きいと見ることができます。逆に、結合の重みが小さい人工ニューロンは、出力誤差への寄与は小さいとみなすことができます。

この考え方に基づいて、誤差Eを、中間層と出力層の結合の重みで分配してやると、中間層の人工ニューロンそれぞれの誤差を定義することができます。後は、分配された誤差を使って、式 (2) と同じ考え方で中間層の重みを学習します。

こうすれば、3層のネットワークのみでなく、より多層のニューラルネットの学習が可能となります。この時、最終出力の誤差Eが、学習手続きに従って出力層から入力層に向かって逆方向に伝えられていきます。この様子を、バックプロパゲーションと表現するのです。

出力層の人工ニューロンが一つの場合のバックプロパゲーションの具体的な計算手順は、次のようになります。

バックプロパゲーションの計算手順 (出力層の人工ニューロンが一つの場合)

適当な終了条件を満たすまで以下を繰り返す

(1) 学習データセット中の一つの例 (x,o) について以下を計算する

xを用いて、中間層の出力h_iを計算する

h_iを用いて、出力層の出力oを計算する

(2) 出力層の人工ニューロンについて以下を計算する

$$wo \leftarrow wo + \alpha \times E \times o \times (1-o) \times h_i \qquad \cdots (3)$$

(3) 中間層のj番目のニューロセルについて以下を計算する

$$\Delta_j \leftarrow h_j \times (1-h_j) \times w_j \times E \times o \times (1-o) \qquad \cdots (4)$$

(4) 中間層のj番目のニューロセルのi番目の入力について、以下を計算する

$$w_{ji} \leftarrow w_{ji} + \alpha \times x_i \times \Delta_j \qquad \cdots (5)$$

4.2.3 バックプロパゲーションの実際

それでは、バックプロパゲーションの学習手続きを備えたニューラルネットプログラム bp1.c を構成しましょう。バックプロパゲーションによる学習手続きは、先

に示したnn.cプログラムに埋め込む形で、次のように実現します。

3層ニューラルネットにおける、バックプロパゲーションの学習手順
(1) 重みとしきい値を初期化する
(2) 入力データを読み込む
(3) 以下をすべての学習データについて繰り返し計算する
　　(3-1) 入力値と重みw_hを用いて、出力層への出力h_iを求める
　　(3-2) h_iと重みw_oを用いて、出力値を計算する
　　(3-3) 式(3)に従って、出力層の重みとしきい値を学習する
　　(3-4) 式(4)および(5)によって、中間層の重みとしきい値を学習する

---

bp1.cプログラムにおいてnn.cプログラムに追加したのは、上記の手順(3-3)と(3-4)です。このうち、手順(3-3)による出力層の重みとしきい値の学習は、プログラムでは次のように表現できます。

```
d = (e[INPUTNO] - o) * o * (1 - o);  /* 誤差の計算 */
for (i = 0; i < HIDDENNO; ++i) {
  wo[i] += ALPHA * hi[i] * d; /* 重みの学習 */
}
wo[i] += ALPHA * (-1.0) * d;   /* しきい値の学習 */
```

上記で、変数oはニューラルネットの出力であり、配列要素e[INPUTNO]は教師データを保持しています。記号定数ALPHAは学習係数です。それ以外の変数は、先に示したnn.cプログラムと同様です。これらの変数を用いて、上記コードでは式(3)の値を計算し、結果として出力層の重みの学習を行っています。

続いて、手順(3-4)は次のように表現できます。

```
for (j = 0; j < HIDDENNO; ++j) {  /* 中間層の各セルjを対象 */
  dj = hi[j] * (1 - hi[j]) * wo[j] * (e[INPUTNO] - o) * o * (1 - o);
  for (i = 0; i < INPUTNO; ++i)    /* i番目の重みを処理 */
    wh[j][i] += ALPHA * e[i] * dj;
  wh[j][i] += ALPHA * (-1.0) * dj; /* しきい値の学習 */
}
```

ここでも、計算に必要な情報を用いて式(4)と式(5)に対応する計算を行うことで、中間層の学習を実現しています。

以上に基づいて、**図4.14**に示すモジュール構造を持ったプログラムbp1.cを構成します。

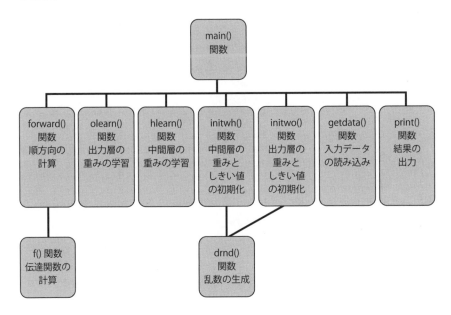

■図4.14　bp1.cプログラムのモジュール構造

バックプロパゲーションによる学習を行うbp1.cプログラムのソースプログラムを**リスト4.3**に示します。

```
1:/***********************************************************/
2:/*                 bp1.c                                   */
3:/*    バックプロパゲーションによるニューラルネットの学習      */
4:/*    使い方                                                */
5:/*       C:\Users\odaka\dl\ch4>bp1 < data.txt > result.txt  */
6:/*    誤差の推移や、学習結果となる結合係数などを出力します    */
7:/***********************************************************/
8:
9:/* Visual Studioとの互換性確保 */
10:#define _CRT_SECURE_NO_WARNINGS
```

■リスト4.3　bp1.cプログラムのソースプログラム

```
 11:
 12:/* ヘッダファイルのインクルード */
 13:#include <stdio.h>
 14:#include <stdlib.h>
 15:#include <math.h>
 16:
 17:/* 記号定数の定義 */
 18:#define INPUTNO 3         /* 入力層のセル数 */
 19:#define HIDDENNO 3        /* 中間層のセル数 */
 20:#define ALPHA   10        /* 学習係数 */
 21:#define SEED 65535        /* 乱数のシード */
 22:#define MAXINPUTNO 100 /* 学習データの最大個数 */
 23:#define BIGNUM 100        /* 誤差の初期値 */
 24:#define LIMIT 0.001       /* 誤差の上限値 */
 25:
 26:/* 関数のプロトタイプの宣言 */
 27:double f(double u);                   /* 伝達関数（シグモイド関数） */
 28:void initwh(double wh[HIDDENNO][INPUTNO + 1]);
 29:                                       /* 中間層の重みの初期化 */
 30:void initwo(double wo[HIDDENNO + 1]);  /* 出力層の重みの初期化 */
 31:double drnd(void);                    /* 乱数の生成 */
 32:void print(double wh[HIDDENNO][INPUTNO + 1],
 33:           double wo[HIDDENNO + 1]);   /* 結果の出力 */
 34:double forward(double wh[HIDDENNO][INPUTNO + 1],
 35:               double wo[HIDDENNO + 1], double hi[],
 36:               double e[INPUTNO + 1]); /* 順方向の計算 */
 37:void olearn(double wo[HIDDENNO + 1], double hi[],
 38:            double e[INPUTNO + 1], double o); /* 出力層の重みの調整 */
 39:int getdata(double e[][INPUTNO + 1]);  /* 学習データの読み込み */
 40:void hlearn(double wh[HIDDENNO][INPUTNO + 1],
 41:            double wo[HIDDENNO + 1], double hi[],
 42:            double e[INPUTNO + 1], double o) ; /* 中間層の重みの調整 */
 43:
 44:/********************/
 45:/*    main()関数     */
 46:/********************/
 47:int main()
 48:{
 49:  double wh[HIDDENNO][INPUTNO + 1];  /* 中間層の重み */
```

■リスト4.3 （つづき）

4.2 バックプロパゲーションによるニューラルネットの学習

```
50:    double wo[HIDDENNO + 1];              /* 出力層の重み */
51:    double e[MAXINPUTNO][INPUTNO + 1];    /* 学習データセット */
52:    double hi[HIDDENNO + 1];              /* 中間層の出力 */
53:    double o;                             /* 出力 */
54:    double err = BIGNUM;                  /* 誤差の評価 */
55:    int i, j;                             /* 繰り返しの制御 */
56:    int n_of_e;                           /* 学習データの個数 */
57:    int count = 0;                        /* 繰り返し回数のカウンタ */
58:
59:    /* 乱数の初期化 */
60:    srand(SEED);
61:
62:    /* 重みの初期化 */
63:    initwh(wh);     /* 中間層の重みの初期化 */
64:    initwo(wo);     /* 出力層の重みの初期化 */
65:    print(wh, wo);  /* 結果の出力 */
66:
67:    /* 学習データの読み込み */
68:    n_of_e = getdata(e);
69:    printf("学習データの個数:%d\n", n_of_e);
70:
71:    /* 学習 */
72:    while (err > LIMIT) {
73:      err = 0.0;
74:      for (j = 0; j < n_of_e; ++j) {
75:        /* 順方向の計算 */
76:        o = forward(wh, wo, hi, e[j]);
77:        /* 出力層の重みの調整 */
78:        olearn(wo, hi, e[j], o);
79:        /* 中間層の重みの調整 */
80:        hlearn(wh, wo, hi, e[j], o);
81:        /* 誤差の積算 */
82:        err += (o - e[j][INPUTNO]) * (o - e[j][INPUTNO]);
83:      }
84:      ++count;
85:      /* 誤差の出力 */
86:      fprintf(stderr, "%d\t%lf\n", count, err);
87:    } /* 学習終了 */
88:
```

■リスト4.3 （つづき）

第4章 ニューラルネット

```
 89:    /* 結合荷重の出力 */
 90:    print(wh, wo);
 91:
 92:    /* 学習データに対する出力 */
 93:    for (i = 0; i < n_of_e; ++i) {
 94:      printf("%d ", i);
 95:      for (j = 0; j < INPUTNO + 1; ++j)
 96:        printf("%lf ", e[i][j]);
 97:      o = forward(wh, wo, hi, e[i]);
 98:      printf("%lf\n", o);
 99:    }
100:
101:    return 0;
102:}
103:
104:/***********************/
105:/*   hlearn()関数        */
106:/*   中間層の重み学習    */
107:/***********************/
108:void hlearn(double wh[HIDDENNO][INPUTNO + 1],
109:      double wo[HIDDENNO + 1],
110:      double hi[], double e[INPUTNO + 1], double o)
111:{
112:    int i, j;  /* 繰り返しの制御 */
113:    double dj; /* 中間層の重み計算に利用 */
114:
115:    for (j = 0; j < HIDDENNO; ++j) {  /* 中間層の各セルjを対象 */
116:      dj = hi[j] * (1 - hi[j]) * wo[j] * (e[INPUTNO] - o) * o * (1 - o);
117:      for (i = 0; i < INPUTNO; ++i)    /* i番目の重みを処理 */
118:        wh[j][i] += ALPHA * e[i] * dj;
119:      wh[j][i] += ALPHA * (-1.0) * dj; /* しきい値の学習 */
120:    }
121:}
122:
123:/***********************/
124:/*   getdata()関数       */
125:/*   学習データの読み込み */
126:/***********************/
127:int getdata(double e[][INPUTNO + 1])
```

■リスト4.3 （つづき）

```
128:{
129:  int n_of_e = 0; /* データセットの個数 */
130:  int j = 0;       /* 繰り返しの制御用 */
131:
132:  /* データの入力 */
133:  while (scanf("%lf", &e[n_of_e][j]) != EOF) {
134:    ++j;
135:    if (j > INPUTNO) { /* 次のデータ */
136:      j = 0;
137:      ++n_of_e;
138:    }
139:  }
140:  return n_of_e;
141:}
142:
143:/*********************/
144:/*   olearn()関数       */
145:/*   出力層の重み学習   */
146:/*********************/
147:void olearn(double wo[HIDDENNO + 1],
148:            double hi[], double e[INPUTNO + 1], double o)
149:{
150:  int i;    /* 繰り返しの制御 */
151:  double d; /* 重み計算に利用 */
152:
153:  d = (e[INPUTNO] - o) * o * (1 - o); /* 誤差の計算 */
154:  for (i = 0; i < HIDDENNO; ++i) {
155:    wo[i] += ALPHA * hi[i] * d; /* 重みの学習 */
156:  }
157:  wo[i] += ALPHA * (-1.0) * d;  /* しきい値の学習 */
158:}
159:
160:/*********************/
161:/*   forward()関数      */
162:/*   順方向の計算       */
163:/*********************/
164:double forward(double wh[HIDDENNO][INPUTNO + 1],
165:               double wo[HIDDENNO + 1], double hi[],
166:               double e[INPUTNO + 1])
```

■ リスト 4.3　（つづき）

```
167:{
168:   int i, j;  /* 繰り返しの制御 */
169:   double u;  /* 重み付き和の計算 */
170:   double o;  /* 出力の計算 */
171:
172:   /* hiの計算 */
173:   for (i = 0; i < HIDDENNO; ++i) {
174:     u = 0;  /* 重み付き和を求める */
175:     for (j = 0; j < INPUTNO; ++j)
176:       u += e[j] * wh[i][j];
177:     u -= wh[i][j];  /* しきい値の処理 */
178:     hi[i] = f(u);
179:   }
180:   /* 出力oの計算 */
181:   o = 0;
182:   for (i = 0; i < HIDDENNO; ++i)
183:     o += hi[i] * wo[i];
184:   o -= wo[i];  /* しきい値の処理 */
185:
186:   return f(o);
187:}
188:
189:/**********************/
190:/*    print()関数       */
191:/*     結果の出力       */
192:/**********************/
193:void print(double wh[HIDDENNO][INPUTNO + 1],
194:           double wo[HIDDENNO + 1])
195:{
196:   int i, j;  /* 繰り返しの制御 */
197:
198:   for (i = 0; i < HIDDENNO; ++i)
199:     for (j = 0; j < INPUTNO + 1; ++j)
200:       printf("%lf ", wh[i][j]);
201:   printf("\n");
202:   for (i = 0; i < HIDDENNO + 1; ++i)
203:     printf("%lf ", wo[i]);
204:   printf("\n");
205:}
```

■リスト4.3 （つづき）

```
206:
207:/***********************/
208:/*     initwh()関数      */
209:/* 中間層の重みの初期化  */
210:/***********************/
211:void initwh(double wh[HIDDENNO][INPUTNO + 1])
212:{
213:   int i, j; /* 繰り返しの制御 */
214:
215:   /* 乱数による重みの決定 */
216:   for (i = 0; i < HIDDENNO; ++i)
217:     for (j = 0; j < INPUTNO + 1; ++j)
218:       wh[i][j] = drnd();
219:}
220:
221:/***********************/
222:/*     initwo()関数      */
223:/* 出力層の重みの初期化  */
224:/***********************/
225:void initwo(double wo[HIDDENNO + 1])
226:{
227:   int i; /* 繰り返しの制御 */
228:
229:   /* 乱数による重みの決定 */
230:   for (i = 0; i < HIDDENNO + 1; ++i)
231:     wo[i] = drnd();
232:}
233:
234:/*******************/
235:/* drnd()関数       */
236:/* 乱数の生成       */
237:/*******************/
238:double drnd(void)
239:{
240:   double rndno; /* 生成した乱数 */
241:
242:   while ((rndno = (double)rand() / RAND_MAX) == 1.0);
243:   rndno = rndno * 2 - 1; /* -1から1の間の乱数を生成 */
244:   return rndno;
```

■リスト 4.3 （つづき）

```
245:}
246:
247:/********************/
248:/* f()関数           */
249:/* 伝達関数          */
250:/* （シグモイド関数） */
251:/********************/
252:double f(double u)
253:{
254:   return 1.0 / (1.0 + exp(-u));
255:}
```

■ リスト4.3　（つづき）[*1]

　リスト4.3に示したbp1.cプログラムでは、入力数は3であり、中間層の人工ニューロンの個数は三つとしてあります。これらの値は、ソースプログラムの18行と19行で設定可能です。具体的には、たとえば入力数を2、中間層のセルを10個とするのであれば、以下のように変更します。

```
18:#define INPUTNO  3       /* 入力層のセル数 */
19:#define HIDDENNO 3       /* 中間層のセル数 */
            ↓変更
18:#define INPUTNO  2       /* 入力層のセル数 */
19:#define HIDDENNO 10      /* 中間層のセル数 */
```

　bp1.cプログラムがnn.cプログラムと異なるのは、バックプロパゲーションによる学習を追加した点です。このために、中間層と出力層の重みおよびしきい値を学習する関数であるhlearn()関数とolearn()関数が追加されています。

　また、nn.cプログラムと異なり、bp1.cプログラムへの入力データには教師データが含まれています。このため、データ読み込みを担当する関数getdata()や、学習データを保持するe[][]配列などについて、教師データを保持するための変更が施されています。

　bp1.cプログラムのmain()関数では、nn.cプログラムと同様の順方向の計算に加

[*1]　bp1.cプログラムをMinGWやCygwinのgccを用いてコンパイルする際には、数学ライブラリのリンクのために-lmオプションを与える必要があります。
　　　C:¥Users¥odaka¥dl¥ch4>gcc bp1.c -o bp1 -lm

えて、バックプロパゲーションの手続きであるhlearn()関数とolearn()関数が追加されています。この処理は、ソースプログラムの72行から始まるwhile文によって繰り返されています。学習は、誤差の値が一定値（記号定数LIMIT）以下になるまで繰り返されます。学習データに矛盾があるなどして学習が十分に進まないと、bp1.cプログラムはいつまでも学習を続けます。

　バックプロパゲーションによる学習が終了すると、獲得した重みの値を出力し（90行）、与えられた学習データに対する出力値を教師データと並べて出力して（93行～）、プログラムが終了します。

　bp1.cプログラムで中間層の学習手続きを扱っているhlearn()関数は、ソースプログラムの108行目から始まっています。処理の内容は、先に示した手順（3-4）の計算処理と同じです。また出力層の学習を担当するoleran()関数は147行目からであり、処理内容は手順(3-3)に対応しています。

　bp1.cプログラムの実行例を**実行例4.3**に示します。実行例4.3ではリスト4.3の設定をそのまま用いており、学習データとして多数決論理の値を用いています。多数決論理とは、入力の0と1のうち個数の多い方を出力とする論理演算です。

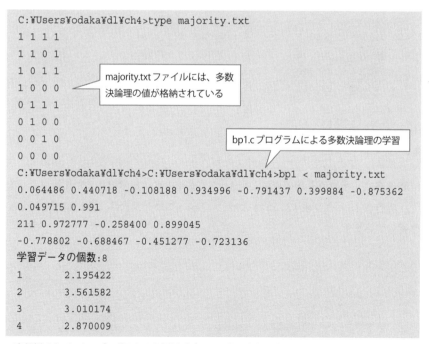

■実行例4.3　bp1.cプログラムの実行例（1）　3入力の多数決論理の学習

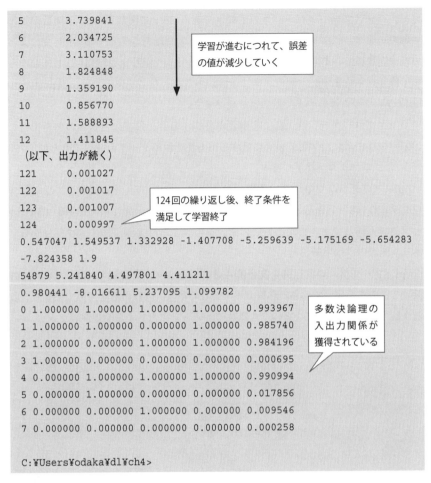

```
5          3.739841
6          2.034725
7          3.110753
8          1.824848
9          1.359190
10         0.856770
11         1.588893
12         1.411845
（以下、出力が続く）
121        0.001027
122        0.001017
123        0.001007
124        0.000997
0.547047 1.549537 1.332928 -1.407708 -5.259639 -5.175169 -5.654283
-7.824358 1.9
54879 5.241840 4.497801 4.411211
0.980441 -8.016611 5.237095 1.099782
0 1.000000 1.000000 1.000000 1.000000 0.993967
1 1.000000 1.000000 0.000000 1.000000 0.985740
2 1.000000 0.000000 1.000000 1.000000 0.984196
3 1.000000 0.000000 0.000000 0.000000 0.000695
4 0.000000 1.000000 1.000000 1.000000 0.990994
5 0.000000 1.000000 0.000000 0.000000 0.017856
6 0.000000 0.000000 1.000000 0.000000 0.009546
7 0.000000 0.000000 0.000000 0.000000 0.000258

C:¥Users¥odaka¥dl¥ch4>
```

学習が進むにつれて、誤差の値が減少していく

124回の繰り返し後、終了条件を満足して学習終了

多数決論理の入出力関係が獲得されている

■実行例 4.3 （つづき）

表4.3に、多数決論理の真値とbp1.cプログラムによる学習結果の比較を示します。実行例4.3および表4.3に示すように、bp1.cプログラムは多数決論理を正しく学習しています。

■表4.3　多数決論理の真値とbp1.cプログラムによる学習結果の比較

入力値			多数決値（真値）	学習結果
1	1	1	1	0.993967
1	1	0	1	0.985740
1	0	1	1	0.984196
1	0	0	0	0.000695
0	1	1	1	0.990994
0	1	0	0	0.017856
0	0	1	0	0.009546
0	0	0	0	0.000258

図**4.15**に、学習の進展と誤差の値の関係を示します。図のように、学習は17回目頃にほぼ十分な値まで進み、その後100回ほどの繰り返しを経て、誤差が規定値を下回って学習が収束しています。

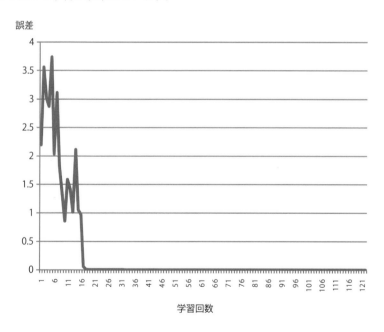

■図4.15　実行例（1）に対応した、学習回数と誤差の値の関係

bp1.cプログラムを用いて、入力数を変更して別のデータを学習した例を見てみましょう。たとえば、入力数を10、中間層の人工ニューロンの個数を10として、第2章で扱ったldata.txtを学習させてみましょう。bp1.cプログラムの変更点は次記のとおりです。

```
18:#define INPUTNO 3        /* 入力層のセル数 */
19:#define HIDDENNO 3       /* 中間層のセル数 */
                ↓変更
18:#define INPUTNO 10       /* 入力層のセル数 */
19:#define HIDDENNO 10      /* 中間層のセル数 */
```

実行例4.4に、上記設定でldata.txtを学習させた例を示します。この場合、出力データが膨大になるため、図ではプログラム出力の大部分を省略しています。

```
C:\Users\odaka\dl\ch4>bp1 < ldata.txt
0.064486 0.440718 -0.108188・・・
(以下、重みの初期値が出力される)
学習データの個数:100
    1    26.534796
    2    33.822337
    3    23.964328
    4    28.752587
    5    24.366251
    6     7.152970
    7    14.153192
    8     0.000388
1.444115 1.906915 4.817003・・・
(以下、重みの学習結果が出力される)
0 1.000000 0.000000 0.000000 0.000000 0.000000 0.000000 1.000000
0.000000 0.000000 1.000000 1.000000 1.000000
(以下、学習結果による計算出力が出力される)
C:\Users\odaka\dl\ch4>
```

8回の繰り返しで学習が収束している

■実行例4.4　bp1.cプログラムの実行例（2）　10入力の学習（ldata.txt）

図4.16に、実行例（2）における学習の進展と誤差の値の関係を示します。図のように、この例では、8回の繰り返しで誤差が規定値以下となって、学習が終了しています。なお、ニューラルネットでは、学習データに矛盾した内容が含まれているなど、学習データ自体に問題がある場合には、学習が収束しない場合があります。また、乱数の与え方によって、学習結果が大きく異なってしまう可能性もあります。学習が収束しない場合には、学習データセットに矛盾がないかどうかを確

認したうえで、乱数の初期値を変更しつつ、繰り返して学習を試みる必要があります。

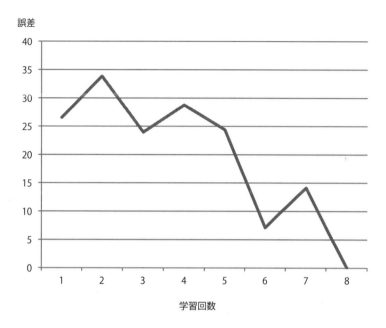

■図4.16　実行例（2）に対応した、学習回数と誤差の値の関係

第5章

深層学習

　本章では第4章で示したニューラルネットの技術を基礎として、深層学習において用いられるいくつかの技法を具体的に示します。最初に深層学習研究に共通する基本的な考え方を示します。次に、深層学習の技法のうち、畳み込みニューラルネットと自己符号化器について、具体的なプログラム例を示します。

5.1 深層学習とは

5.1.1 従来のニューラルネットの限界と深層学習のアイデア

　第4章で示したように、ニューラルネットは柔軟で強力な学習能力を備えたシステムです。原理的には、ニューラルネットはどのようなデータからでも学習が可能であり、複雑で膨大な学習データから知識を獲得することが可能です。インターネットの発展によって大規模なデータが比較的容易に入手できるようになった現在において、大規模データに対するニューラルネットを用いた機械学習への期待は大いに高まっています。

　昨今のコンピュータハードウェアの高度化も、ニューラルネットの学習に対して好影響を与えています。ニューラルネットの規模を拡大すると、当然、その計算量も飛躍的に増大します。これを処理するためには、かつてはスーパーコンピュータと呼ばれる巨大な数値計算用コンピュータシステムが必要とされました。しかし現在では、パーソナルコンピュータで用いられるありふれたCPUですら、かつてのスーパーコンピュータの処理装置並みに高速です。また近年のCPUやOSでは、安価になった大容量のメモリを取り扱うことも容易です。このため、一昔前なら不可能であったような大規模な計算も、パーソナルコンピュータを用いて実行することができるようになりました。

　加えて、画像表示装置である**GPU（Graphics Processing Unit）**が発展を遂げており、GPUを並列計算装置として用いる**GPGPU（General Purpose computing on GPU）**という技術が用いられるようになって来ています。GPGPUを用いれば、ニューラルネットの学習手続きのような浮動小数点計算を並列的に実行することが可能です。ニューラルネットの学習手続きでは、同様の処理を異なる人工ニューロンに対して並列的に実行することが可能な場合が多いので、GPGPUを用いた並列処理が計算時間の短縮に有効です（**図5.1**）。

5.1 深層学習とは

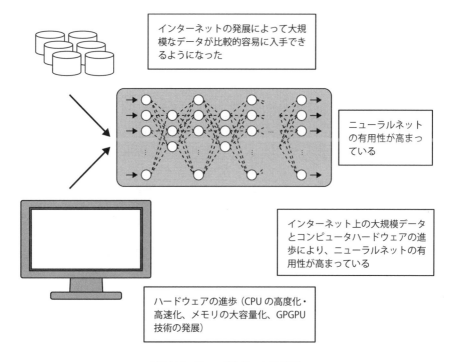

■図5.1　ニューラルネットの有用性

　しかし実際に複雑で膨大な学習データを扱おうとすると、困難な問題が生じます。第4章で示した階層型ネットワークのバックプロパゲーションによる学習では、層の数が3層で、各階層の人工ニューロンが高々10個程度のネットワークを対象としました。この程度であれば、ニューラルネットの学習は問題なく進みます。しかし、複雑で膨大な学習データを扱うためには、それに対応した情報を保持できるだけの規模を有する、複雑で膨大なニューラルネットが必要となります。つまり、階層をより多層にし、各階層を構成する人工ニューロンの個数を増やさなければなりません（**図5.2**）。

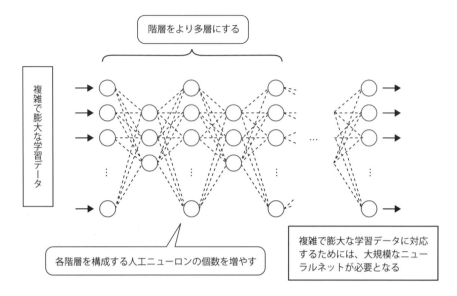

■図5.2　学習とニューラルネット（1）

　このような大規模なニューラルネットでは、バックプロパゲーション等による学習がうまくいかなくなる可能性があります。一つには、バックプロパゲーションによって重みとしきい値を探索する際、探索対象の数が膨大になるので、最適な値を見つけるのが難しくなる点があります。結果として、最適な重みやしきい値の代わりに、初期値などに依存する局所解しか見つからなくなる可能性があります。こうなると、ニューラルネットの適切な学習は困難です。これを解決するためには、重みやしきい値の探索範囲を、問題に応じた適切な値にして、探索空間を効率的に探さなければなりません。しかし一般に、適切な探索領域がどこにあるのかは自明ではありません（**図5.3**）。

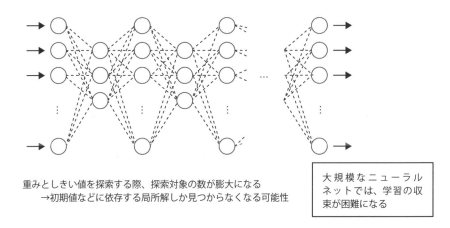

■図5.3　学習とニューラルネット（2）

ほかの問題として、多層の階層型ネットワークでは、バックプロパゲーションによる誤差の逆伝搬がうまくいかなくなる問題があります。すなわち、出力から入力へ向けて誤差を伝搬する過程で、重みや伝達関数の微分値の積を重ねるうちに、誤差の値が小さくなってしまい、学習が進まなくなる問題があります。特に、シグモイド関数を伝達関数として用いる場合には、微係数が常に1未満となるため、多層のネットワークにおいてこの問題が顕著に表れます。これを、**誤差の消失問題**と呼びます（**図5.4**）。

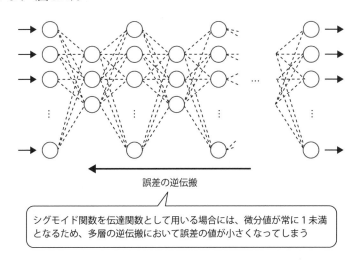

■図5.4　多層ネットワークにおける誤差の消失問題

これらの問題を解決する手法として、さまざまな手法が提案されています。たとえば、**畳み込みニューラルネット（Convolutional Neural Network：CNN）**や、**自己符号化器（Auto Encoder）**を用いる学習手法が提案されています。畳み込みニューラルネットでは、ニューラルネットの構造を工夫することで学習の困難さを解消しています。また自己符号化器を用いる手法では、学習の方法を工夫して前述の問題に対応しています。以下、これらの手法を説明します。

5.1.2 畳み込みニューラルネット

第1章で紹介したように、畳み込みニューラルネットは画像認識分野の深層学習手法として良好な成績を示すことで知られています。畳み込みニューラルネットの基本的な考え方は、問題に特化したネットワーク構成を用いることで多層構造のネットワークをスリム化し、ネットワーク学習を容易にするというものです。

画像認識に用いられる畳み込みニューラルネットは、生物の視覚神経系を真似ることでその基本構造を構成しています。畳み込みニューラルネットで用いられる一般的な構造を**図5.5**に示します。

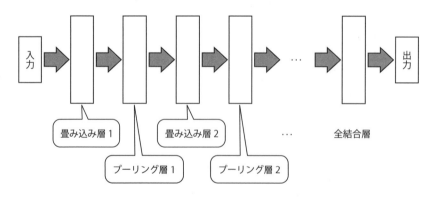

■図5.5 畳み込みニューラルネットの一般的な構造

図5.5にあるように、畳み込みニューラルネットは多階層の階層型ニューラルネットです。第4章で扱った階層型ニューラルネットでは、各階層はいずれも似たような構造であり、階層間の結合も全結合としていました。これに対して畳み込みニューラルネットには、**畳み込み層（convolutional layer）**と呼ばれる層と**プーリング層（pooling layer）**と呼ばれる層が存在します。これらの層の内部で

は、隣接する二つの階層ですべての人工ニューロンが結合しているわけではなく、ある特定の人工ニューロン同士のみが結合されています。また、それぞれの層では処理形式が異なっています。

　畳み込み層とプーリング層を積層した後の最終的な出力の直前には、第4章で紹介したような全結合のニューラルネットも利用します。

　畳み込み層の役割は、入力信号に含まれる特徴を抽出することにあります。たとえば入力信号が2次元の画像である場合、畳み込み層では、縦方向や横方向の図形成分を抽出したり、画像の持つ特定の空間周波数成分を抽出したりします。こうした機能は、一般には画像フィルタと呼ばれる機能です。畳み込みニューラルネットでは、画像フィルタの機能をニューラルネットの学習機能を用いて自動的に獲得します。実際の畳み込みニューラルネットでは、ある畳み込み層には複数の画像フィルタに相当する人工ニューロンが配置されます。

　畳み込み層の基本構造を**図5.6**に示します。図では、一つの画像フィルタに相当する構造のみを示しています。また、畳み込み層の人工ニューロンと前段の人工ニューロンとの結合関係は、実線で示した畳み込み層の一つの人工ニューロン分のみを示しています。実際には、点線で示した他の人工ニューロンも、実線のものと同様に、配置された位置に応じて前段の人工ニューロンとそれぞれ接続されています。

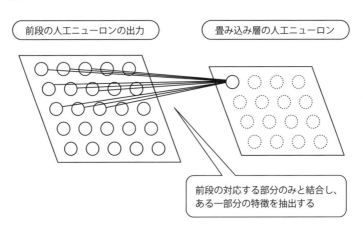

■図5.6　畳み込み層の基本構造

図5.6で、畳み込み層のそれぞれの人工ニューロンは、前段の人工ニューロンの対応する位置にある人工ニューロン一つと、その周囲八つの人工ニューロンの、合計九つの人工ニューロンのみと結合しています。前段の保持しているデータを2次元画像と考えると、後段の人工ニューロンは、前段のある画素の周辺のみに対して結合しているとみなすことができます。このような構造とするのは、後段の人工ニューロンが、前段の特定画素周囲の特徴を抽出できるようにするためです。この意味で、後段の人工ニューロンは画像フィルタとして動作します。

このようにして、後段の人工ニューロンは前段の一部分の情報のみを受け取り、その特徴を抽出して出力します。畳み込み層では結合を限定しているため、全結合の場合と比較して学習のための探索範囲を大きく削減することができます。また、前段の人工ニューロンの個数と比較して、畳み込み層の人工ニューロンの入力個数は少なく、この点でも探索範囲は削減されます。さらに、特徴抽出フィルタとして動作する各人工ニューロンの重みの値は、すべての人工ニューロンで同一とします。こうした工夫によって、畳み込みニューラルネットでは、深層学習で扱うような規模の大きなニューラルネットについても、学習が可能となります。

プーリング層の役割は、入力信号をぼかすことで、情報の位置ずれに対する頑強さを強めることにあります。このためプーリング層では、プーリング層を構成する各人工ニューロンが前段の狭い領域とのみ結合しています。そして、前段の狭い領域の中の値の平均値や最大値を取り出して出力します。ここでも、結合を限定し情報を縮約することで、ニューラルネットの処理が容易になります。

図5.7にプーリング層の構造を示します。この図においても、プーリング層の人工ニューロンと前段の人工ニューロンとの結合関係は、実線で示した一つの人工ニューロンの分のみを示しています。実際には、点線で示した他の人工ニューロンも、実線のものと同様に、配置された位置に応じて前段の人工ニューロンとそれぞれ接続されています。

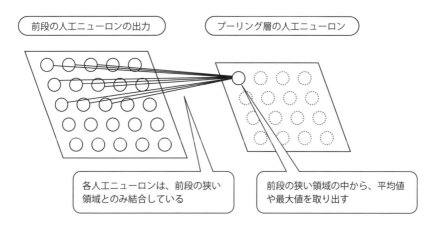

■図 5.7　プーリング層の構成

　畳み込みニューラルネットでは、畳み込み層とプーリング層を交互に積み重ねた後、全結合の階層型ネットワークを用いて、最終出力である画像分類の信号を出力します。このように、畳み込みニューラルネットは大規模な階層型ネットワークですが、前述の工夫により、教師あり学習が可能となっています。

5.1.3　自己符号化器を用いる学習手法

　多階層のニューラルネットを学習させる際、学習の方法を工夫することで学習処理がうまくいく場合があります。以下では、自己符号化器を用いて多階層のニューラルネットを学習する方法を説明します。

　自己符号化器は、**図 5.8**に示すような階層型ニューラルネットです。図に示すように、自己符号化器はごく普通の階層型ニューラルネットです。特徴として、入出力の数が同じであり、中間層の人工ニューロンの個数が入出力数より少ない点が挙げられます。

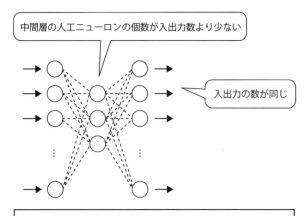

■図5.8　自己符号化器

　自己符号化器では、与えた入力値と同じ値が出力に現れるように学習を進めます。自己符号化器は階層数の少ない普通の階層型ニューラルネットですから、この学習には、たとえばバックプロパゲーションのアルゴリズムを用いることが可能です。なお、自己符号化器では、学習データに明示的な教師信号が含まれません。したがって、自己符号化器の学習は教師なし学習にあたります。

　ここで、ニューラルネットの処理によって入力と同じ値の出力が得られても、普通の意味では特に役に立つことはないように思えます。実は、自己符号化器は出力値を得ることを目的とするのではなく、入力信号の特徴を把握してニューラルネットの内部に保持するために用います。具体的には、入力値と出力値が全く同じになるようにネットワークの学習を進めて、学習が終了した時の中間層の状態によって特徴を表現します。こうすると、入力となるデータの個数より少ない個数の中間層人工ニューロンの状態により、大きなサイズの入力信号の特徴が表現できます。入力信号の特徴をコンパクトに符号化する中間層が自律的に得られるので、このニューラルネットを**自己符号化器**と呼びます。

　自己符号化器は入力信号の特徴を要約して表現するので、自己符号化器を多階層のニューラルネットの学習に利用することができます。つまり、自己符号化器を積み重ねることで特徴抽出のための多階層ネットワークを構成し、最後に識別のためのニューラルネットを付け加えることで入力信号の識別を行うようなニューラ

ルネットを構築することができます。

この方法では、次のような手順によって学習を進めます（**図5.9**）。

> **自己符号化器を用いた多層ニューラルネットの逐次的学習手続き**
> (1) 学習対象の最初の3層のみで自己符号化器を構成し、自己符号化器を学習する
> (2) 最初の層の学習結果を利用して、次の3層からなる自己符号化器を学習する
> (3) 上記を繰り返し、多階層の自己符号化器を構築する
> (4) 多階層の自己符号化器の出力を用いて、識別のためのニューラルネットの学習を行う

このように、部分的に学習を進めることで、多階層ネットワークにおける学習の問題を解決します。

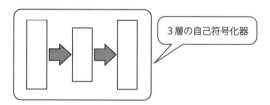

（1）学習対象の最初の3層のみで自己符号化器を構成し、自己符号化器を学習

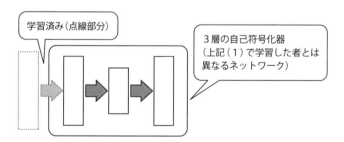

（2）最初の層の学習結果を利用して、次の3層からなる自己符号化器を学習

■図5.9　自己符号化器を利用した多層のニューラルネットの学習

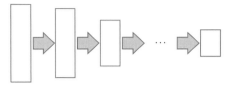

(3)（1）、（2）を繰り返し、多層の自己符号化器を構築する

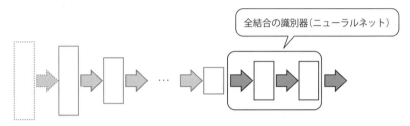

(4) 多層の自己符号化器の出力を用いて、識別のための全結合ニューラルネットの学習を行う

■ 図 5.9　（つづき）

5.2 深層学習の実際

本節では、先に述べた畳み込みニューラルネットと 3 層の自己符号化器をプログラムとして表現する方法を検討します。

5.2.1 畳み込み演算の実現

畳み込みニューラルネットを実現する準備として、図 5.6 および図 5.7 に示した畳み込みとプーリングの計算手続きをプログラムとして表現してみましょう。計算手続きは以下のようになります。

畳み込み層の計算手続き

(1) 畳み込みを行うフィルタの初期化
(2) 畳み込みの計算
(3) プーリングの計算
(4) 結果の出力

上記手続きのうち、(2) の畳み込みの計算手続きは以下のようになります。

畳み込みの計算手続き (手続き (2))

(2) 以下を入力データの全域に対して繰り返す

　(2-1) フィルタの各点を入力データの対応点に重ねて画素ごとの積和を計算する

　(2-2) 上記で求めた値を畳み込んで、出力データに追加する

また、(3) のプーリングの計算は次のような手続きです。ここでは、画素の中の最大値を選ぶ**最大値プーリング (max pooling)** を行っています。

プーリングの計算手続き (手続き (3))

(3) 以下を入力データの全域に対して繰り返す

　(3-1) 入力データのある1点を選ぶ

　(3-2) 上記画素の周辺を調べ、それらの中の最大値を出力データとする

以上の手続きを、**図5.10**に示すようなモジュール構造のプログラム cp.c として構成します。

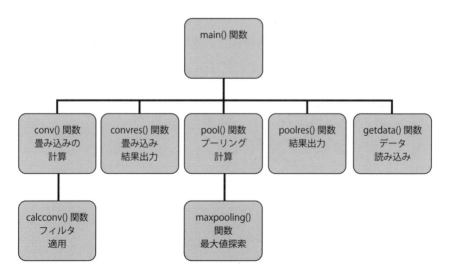

■図5.10　cp.c プログラムのモジュール構造

cp.cプログラムのソースプログラムを**リスト5.1**に示します。

```
 1:/***********************************************/
 2:/*                 cp.c                        */
 3:/*     畳み込みとプーリングの処理               */
 4:/*   2次元データを読み取り、畳み込みとプーリングを施します */
 5:/*   使い方                                    */
 6:/*     C:\Users\odaka\dl\ch5>cp < data1.txt    */
 7:/***********************************************/
 8:
 9:/* Visual Studioとの互換性確保 */
10:#define _CRT_SECURE_NO_WARNINGS
11:
12:/* ヘッダファイルのインクルード */
13:#include <stdio.h>
14:#include <stdlib.h>
15:#include <math.h>
16:
17:/* 記号定数の定義 */
18:#define INPUTSIZE 11   /* 入力数 */
19:#define FILTERSIZE 3   /* フィルタの大きさ */
20:#define POOLSIZE 3     /* プーリングサイズ */
21:#define POOLOUTSIZE 3  /* プーリングの出力サイズ */
22:/* 関数のプロトタイプ宣言 */
23:void conv(double filter[][FILTERSIZE],
24:          double e[][INPUTSIZE],
25:          double convout[][INPUTSIZE]); /* 畳み込みの計算 */
26:double calcconv(double filter[][FILTERSIZE],
27:                double e[][INPUTSIZE], int i, int j);
28:                                /* フィルタの適用 */
29:void convres(double convout[][INPUTSIZE]);
30:                                /* 畳み込みの結果出力 */
31:void pool(double convout[][INPUTSIZE],
32:          double poolout[][POOLOUTSIZE]);
33:                                /* プーリングの計算 */
34:double maxpooling(double convout[][INPUTSIZE],
35:                  int i, int j);     /* 最大値プーリング */
36:void poolres(double poolout[][POOLOUTSIZE]); /* 結果出力 */
```

■リスト5.1　cp.cプログラムのソースプログラム

```
37:void getdata(double e[][INPUTSIZE]);        /* データ読み込み */
38:
39:/********************/
40:/*     main()関数       */
41:/********************/
42:int main()
43:{
44:  double filter[FILTERSIZE][FILTERSIZE]
45:     // = {{0, 0, 0}, {1, 1, 1}, {0, 0, 0}};   /* 横フィルタ */
46:        = {{0, 1, 0}, {0, 1, 0}, {0, 1, 0}};   /* 縦フィルタ */
47:  double e[INPUTSIZE][INPUTSIZE];              /* 入力データ */
48:  double convout[INPUTSIZE][INPUTSIZE] = {0};  /* 畳み込み出力 */
49:  double poolout[POOLOUTSIZE][POOLOUTSIZE];    /* 出力データ */
50:
51:  /* 入力データの読み込み */
52:  getdata(e);
53:
54:  /* 畳み込みの計算 */
55:  conv(filter, e, convout);
56:  convres(convout);
57:
58:  /* プーリングの計算 */
59:  pool(convout, poolout);
60:  /* 結果の出力 */
61:  poolres(poolout);
62:
63:  return 0;
64:}
65:
66:/**********************/
67:/*  poolres()関数      */
68:/*    結果出力         */
69:/**********************/
70:void poolres(double poolout[][POOLOUTSIZE])
71:{
72:  int i, j; /* 繰り返しの制御 */
73:
74:  for (i = 0; i < POOLOUTSIZE; ++i) {
```

■ リスト5.1　（つづき）

```
75:    for (j = 0; j < POOLOUTSIZE; ++j) {
76:      printf("%.3lf ", poolout[i][j]);
77:    }
78:    printf("\n");
79:  }
80:  printf("\n");
81:}
82:
83:/***********************/
84:/*  pool()関数          */
85:/*  プーリングの計算    */
86:/***********************/
87:void pool(double convout[][INPUTSIZE],
88:          double poolout[][POOLOUTSIZE])
89:{
90:  int i, j; /* 繰り返しの制御 */
91:
92:  for (i = 0; i < POOLOUTSIZE; ++i)
93:    for (j = 0; j < POOLOUTSIZE; ++j)
94:      poolout[i][j] = maxpooling(convout, i, j);
95:}
96:
97:/***********************/
98:/* maxpooling()関数     */
99:/* 最大値プーリング     */
100:/***********************/
101:double maxpooling(double convout[][INPUTSIZE],
102:                  int i, int j)
103:{
104:  int m, n;                  /* 繰り返しの制御用*/
105:  double max;                /* 最大値 */
106:  int halfpool = POOLSIZE / 2; /* プーリングのサイズの1/2 */
107:
108:  max
109:    = convout[i * POOLOUTSIZE + 1 + halfpool][j * POOLOUTSIZE + 1 + halfpool];
110:  for (m = POOLOUTSIZE * i + 1; m <= POOLOUTSIZE * i + 1 + (POOLSIZE - halfpool); ++m)
111:    for (n = POOLOUTSIZE * j + 1; n <= POOLOUTSIZE * j + 1 + (POOLSIZE - halfpool); ++n)
112:      if (max < convout[m][n]) max = convout[m][n];
```

■ リスト5.1 （つづき）

```
113:
114:    return max;
115:}
116:
117:/***********************/
118:/*   convres()関数       */
119:/*   畳み込みの結果出力    */
120:/***********************/
121:void convres(double convout[][INPUTSIZE])
122:{
123:   int i, j; /* 繰り返しの制御 */
124:
125:   for (i = 1; i < INPUTSIZE - 1; ++i) {
126:      for (j = 1; j < INPUTSIZE - 1; ++j) {
127:         printf("%.3lf ", convout[i][j]);
128:      }
129:      printf("\n");
130:   }
131:   printf("\n");
132:}
133:
134:/***********************/
135:/*   getdata()関数       */
136:/*   入力データの読み込み  */
137:/***********************/
138:void getdata(double e[][INPUTSIZE])
139:{
140:   int i = 0, j = 0; /* 繰り返しの制御用 */
141:
142:   /* データの入力 */
143:   while (scanf("%lf", &e[i][j]) != EOF) {
144:      ++j;
145:      if (j >= INPUTSIZE) { /* 次のデータ */
146:         j = 0;
147:         ++i;
148:         if (i >= INPUTSIZE) break; /* 入力終了 */
149:      }
150:   }
```

■ リスト 5.1 （つづき）

第5章 深層学習

```
151:}
152:
153:/*********************/
154:/*  conv()関数         */
155:/*  畳み込みの計算      */
156:/*********************/
157:void conv(double filter[][FILTERSIZE],
158:          double e[][INPUTSIZE], double convout[][INPUTSIZE])
159:{
160:  int i = 0, j = 0;               /* 繰り返しの制御用*/
161:  int startpoint = FILTERSIZE / 2; /* 畳み込み範囲の下限 */
162:
163:  for (i = startpoint; i < INPUTSIZE - startpoint; ++i)
164:    for (j = startpoint; j < INPUTSIZE - startpoint; ++j)
165:      convout[i][j] = calcconv(filter, e, i, j);
166:}
167:
168:/*********************/
169:/*  calcconv()関数     */
170:/*  フィルタの適用      */
171:/*********************/
172:double calcconv(double filter[][FILTERSIZE],
173:                double e[][INPUTSIZE], int i, int j)
174:{
175:  int m, n;     /* 繰り返しの制御用 */
176:  double sum = 0; /* 和の値 */
177:
178:  for (m = 0; m < FILTERSIZE; ++m)
179:    for(n = 0; n < FILTERSIZE; ++n)
180:      sum += e[i - FILTERSIZE / 2 + m][j - FILTERSIZE / 2 + n] * filter[m][n];
181:
182:  return sum;
183:}
```

■ リスト5.1 （つづき）

　cp.cプログラムの冒頭18行目から20行目では、入力データの大きさやフィルタのサイズ、そしてプーリング結果の出力サイズを記号定数として次のように定義しています。

```
18:#define INPUTSIZE 11     /* 入力数 */
19:#define FILTERSIZE 3     /* フィルタの大きさ */
20:#define POOLSIZE 3       /* プーリングサイズ */
```

リスト5.1においては、入力データは11×11の正方形をした2次元データであり、フィルタは3×3、出力となるプーリングサイズは3×3としています。

cp.cプログラムでは、44行目で縦横がFILTERSIZE×FILTERSIZEのサイズのフィルタを配列filter[][]として定義しています。リスト5.1では、次のように縦一列が1で、それ以外が0の縦を検出するためのフィルタとして初期化しています。45行のコメントを外し、46行をかわりにコメントアウトすると、今度は横一列を検出するフィルタとなります。

```
44:   double filter[FILTERSIZE][FILTERSIZE]
45:     // = {{0, 0, 0}, {1, 1, 1}, {0, 0, 0}};   /* 横フィルタ */
46:     = {{0, 1, 0}, {0, 1, 0}, {0, 1, 0}};     /* 縦フィルタ */
```

cp.cプログラムの実行例を**実行例5.1**に示します。実行例5.1では、入力として縦棒（data1.txt）および横棒（data2.txt）、斜め線（data3.txt）を与えています。いずれも、それぞれの元データの特徴が、3×3の小さな出力に要約されています。

```
C:\Users\odaka\dl\ch5>type data1.txt
0 0 0 0 0 1 0 0 0 0 0
0 0 0 0 0 1 0 0 0 0 0
0 0 0 0 0 1 0 0 0 0 0
0 0 0 0 0 1 0 0 0 0 0
0 0 0 0 0 1 0 0 0 0 0
0 0 0 0 0 1 0 0 0 0 0
0 0 0 0 0 1 0 0 0 0 0
0 0 0 0 0 1 0 0 0 0 0
0 0 0 0 0 1 0 0 0 0 0
0 0 0 0 0 1 0 0 0 0 0
0 0 0 0 0 1 0 0 0 0 0

C:\Users\odaka\dl\ch5>cp < data1.txt
0.000 0.000 0.000 0.000 3.000 0.000 0.000 0.000 0.000
0.000 0.000 0.000 0.000 3.000 0.000 0.000 0.000 0.000
```

（吹き出し）data1.txtは縦一直線の並びからなる図形（縦棒）

（吹き出し）縦フィルタとの畳み込みにより、縦棒が強調される

■実行例5.1　cp.cプログラムの実行例

```
0.000 0.000 0.000 0.000 3.000 0.000 0.000 0.000 0.000
0.000 0.000 0.000 0.000 3.000 0.000 0.000 0.000 0.000
0.000 0.000 0.000 0.000 3.000 0.000 0.000 0.000 0.000
0.000 0.000 0.000 0.000 3.000 0.000 0.000 0.000 0.000
0.000 0.000 0.000 0.000 3.000 0.000 0.000 0.000 0.000
0.000 0.000 0.000 0.000 3.000 0.000 0.000 0.000 0.000
0.000 0.000 0.000 0.000 3.000 0.000 0.000 0.000 0.000


0.000 3.000 0.000
0.000 3.000 0.000     ← プーリングにより、縦棒という
0.000 3.000 0.000        特徴が要約されている



C:\Users\odaka\dl\ch5>type data2.txt
0 0 0 0 0 0 0 0 0 0 0
0 0 0 0 0 0 0 0 0 0 0
0 0 0 0 0 0 0 0 0 0 0
0 0 0 0 0 0 0 0 0 0 0
0 0 0 0 0 0 0 0 0 0 0
1 1 1 1 1 1 1 1 1 1 1   ← data2.txtは横一直線の並び
0 0 0 0 0 0 0 0 0 0 0     からなる図形(横棒)
0 0 0 0 0 0 0 0 0 0 0
0 0 0 0 0 0 0 0 0 0 0
0 0 0 0 0 0 0 0 0 0 0
0 0 0 0 0 0 0 0 0 0 0
C:\Users\odaka\dl\ch5>cp < data2.txt
0.000 0.000 0.000 0.000 0.000 0.000 0.000 0.000 0.000
0.000 0.000 0.000 0.000 0.000 0.000 0.000 0.000 0.000
0.000 0.000 0.000 0.000 0.000 0.000 0.000 0.000 0.000
1.000 1.000 1.000 1.000 1.000 1.000 1.000 1.000 1.000
1.000 1.000 1.000 1.000 1.000 1.000 1.000 1.000 1.000
1.000 1.000 1.000 1.000 1.000 1.000 1.000 1.000 1.000
0.000 0.000 0.000 0.000 0.000 0.000 0.000 0.000 0.000
0.000 0.000 0.000 0.000 0.000 0.000 0.000 0.000 0.000
0.000 0.000 0.000 0.000 0.000 0.000 0.000 0.000 0.000


0.000 0.000 0.000
1.000 1.000 1.000
0.000 0.000 0.000
```

縦フィルタとの畳み込みにより、縦成分の存在する部分が抽出されている

プーリングの結果、元画像の特徴(横棒)がコンパクトに表現されている

■ 実行例 5.1 (つづき)

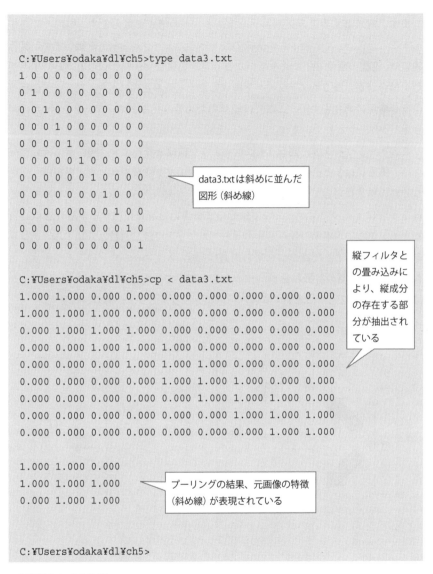

■実行例5.1 （つづき）

5.2.2 畳み込みニューラルネットの実現

cp.cプログラムを拡張すると、学習機能を持つ畳み込みニューラルネットを構成することができます。ここでは、ごく基本的な構造の畳み込みニューラルネットを、C言語のプログラムとして表現しましょう。

まず、対象とする畳み込みニューラルネットの構成を考えます。処理の骨格を示すことを目的として、最小限の構成の畳み込みニューラルネットを扱います。具体的には、2枚の画像フィルタを用いた畳み込みおよびプーリングの処理と、出力前の全結合層からなるネットワークを構成します。畳み込みニューラルネットの特長は多層構造にありますが、ここでは簡単のため畳み込みとプーリングを1回だけ行うネットワークとしています。

このネットワークは、**図5.11**に示すような構成となります。図に示す入力データは、実際には2次元のデータです。これに対して2種類のフィルタを適用し、それぞれの結果に対してプーリングを行います。本来の畳み込みネットワークではこれを多段にするのですが、ここではそのまま出力処理を担当する全結合層に結合します。さらに、本来の畳み込みニューラルネットでは出力数は分類するカテゴリ数としますが、ここでは全結合層の出力は1個の人工ニューロンのみとします。これにより、2種類の特徴抽出器の出力をもとにして、入力データをカテゴリ0またはカテゴリ1の2通りに識別する畳み込みニューラルネットが構成されます。

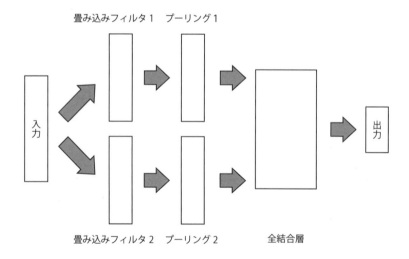

■図5.11　simplecnn.c プログラムが対象とする畳み込みニューラルネットの構成

図5.11のニューラルネットを、適当な学習データを用いることでトレーニングします。学習対象は、簡単のために、全結合層の重みとしきい値のみとし、学習アルゴリズムとしてバックプロパゲーションを用います。畳み込みフィルタの重みは学習対象とせず、乱数によって初期化するものとします。

以上のような方針で、畳み込みニューラルネットの原理を示すsimplecnn.cプログラムを構成します。このプログラムの概略構造は、5.2.1節で示したcp.cプログラムを2個と、5.2.2節に示したbp1.cプログラムを組み合わせたものとなります（**図5.12**）。

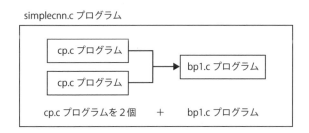

■図5.12　畳み込みニューラルネットの原理を示す
simplecnn.cプログラムの概略構造（概念図）

図5.12より、simplecnn.cプログラムのモジュール構造は、cp.cプログラムとbp1.cプログラムを組み合わせたものとなります。**図5.13**にsimplecnn.cプログラムのモジュール構造を示します。

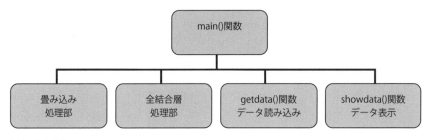

（1）全体構造

■図5.13　simplecnn.cプログラムのモジュール構造

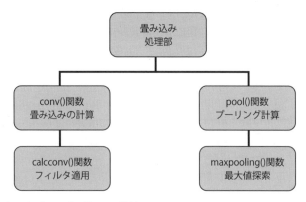

(2) 畳み込み処理部 (cp.c プログラムに対応)

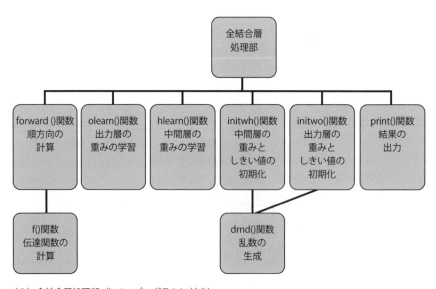

(3) 全結合層処理部 (bp1.c プログラムに対応)

■図 5.13 (つづき)

　以上の準備に基づいて構成した simplecnn.c プログラムのソースプログラムを**リスト 5.2**に示します。

5.2 深層学習の実際

```
 1:/***********************************************/
 2:/*            simplecnn.c                      */
 3:/* 畳み込みニューラルネットの基本構造デモンストレーション */
 4:/* CNNの基本構造（骨組みのみ）を示します           */
 5:/* 使い方                                       */
 6:/*   C:\Users\odaka\dl\ch5>simplecnn < data1.txt */
 7:/***********************************************/
 8:
 9:/* Visual Studioとの互換性確保 */
10:#define _CRT_SECURE_NO_WARNINGS
11:
12:/* ヘッダファイルのインクルード */
13:#include <stdio.h>
14:#include <stdlib.h>
15:#include <math.h>
16:
17:/* 記号定数の定義 */
18:#define INPUTSIZE 11    /* 入力数 */
19:#define FILTERSIZE 3    /* フィルタの大きさ */
20:#define FILTERNO  2     /* フィルタの個数 */
21:#define POOLSIZE  3     /* プーリングサイズ */
22:#define POOLOUTSIZE 3   /* プーリングの出力サイズ */
23:#define MAXINPUTNO 100  /* 学習データの最大個数 */
24:#define SEED 65535      /* 乱数のシード */
25:#define LIMIT 0.001     /* 誤差の上限値 */
26:#define BIGNUM 100      /* 誤差の初期値 */
27:#define HIDDENNO 3      /* 中間層のセル数 */
28:#define ALPHA   10      /* 学習係数 */
29:
30:/* 関数のプロトタイプの宣言 */
31:void conv(double filter[FILTERSIZE][FILTERSIZE],
32:          double e[][INPUTSIZE],
33:          double convout[][INPUTSIZE]); /* 畳み込みの計算 */
34:double calcconv(double filter[][FILTERSIZE],
35:              double e[][INPUTSIZE], int i, int j);
36:                           /* フィルタの適用 */
37:void pool(double convout[][INPUTSIZE],
38:          double poolout[][POOLOUTSIZE]);
39:                           /* プーリングの計算 */
40:double maxpooling(double convout[][INPUTSIZE],
```

■ リスト 5.2　simplecnn.c プログラムのソースプログラム

```
41:             int i, int j);          /* 最大値プーリング */
42:int getdata(double e[][INPUTSIZE][INPUTSIZE], int r[]);
43:                                     /* データ読み込み */
44:void showdata(double e[][INPUTSIZE][INPUTSIZE], int t[],
45:              int n_of_e);           /* データ表示 */
46:void initfilter(double filter[FILTERNO][FILTERSIZE][FILTERSIZE]);
47:                                     /* フィルタの初期化 */
48:double drnd(void);                   /* 乱数の生成 */
49:double f(double u);                  /* 伝達関数（シグモイド関数） */
50:void initwh(double wh[HIDDENNO][POOLOUTSIZE * POOLOUTSIZE * FILTERNO + 1]);
51:                                     /* 中間層の重みの初期化 */
52:void initwo(double wo[HIDDENNO + 1]); /* 出力層の重みの初期化 */
53:double forward(double wh[HIDDENNO][POOLOUTSIZE * POOLOUTSIZE * FILTERNO + 1],
54:               double wo[HIDDENNO + 1], double hi[],
55:               double e[POOLOUTSIZE * POOLOUTSIZE * FILTERNO + 1]);
56:                                     /* 順方向の計算 */
57:void olearn(double wo[HIDDENNO + 1],double hi[],
58:            double e[POOLOUTSIZE * POOLOUTSIZE * FILTERNO + 1], double o);
59:                                     /* 出力層の重みの調整 */
60:void hlearn(double wh[HIDDENNO][POOLOUTSIZE * POOLOUTSIZE * FILTERNO + 1],
61:            double wo[HIDDENNO + 1], double hi[],
62:            double e[POOLOUTSIZE * POOLOUTSIZE * FILTERNO + 1], double o);
63:                                     /* 中間層の重みの調整 */
64:double f(double u);                  /* 伝達関数（シグモイド関数） */
65:void print(double wh[HIDDENNO][POOLOUTSIZE * POOLOUTSIZE * FILTERNO + 1],
66:           double wo[HIDDENNO + 1]); /* 結果の出力 */
67:
68:/********************/
69:/*    main()関数     */
70:/********************/
71:int main()
72:{
73:  double filter[FILTERNO][FILTERSIZE][FILTERSIZE]; /* フィルタ */
74:  double e[MAXINPUTNO][INPUTSIZE][INPUTSIZE];     /* 入力データ*/
75:  int t[MAXINPUTNO];                              /* 教師データ */
76:  double convout[INPUTSIZE][INPUTSIZE]={0};       /* 畳み込み出力 */
77:  double poolout[POOLOUTSIZE][POOLOUTSIZE];       /* 出力データ */
78:  int i, j, m, n;                                 /* 繰り返しの制御 */
79:  int n_of_e;                                     /* 学習データの個数 */
80:  double err = BIGNUM;                            /* 誤差の評価 */
```

■リスト 5.2 （つづき）

```
 81:   int count = 0;                              /* 繰り返し回数のカウンタ */
 82:   double ef[POOLOUTSIZE*POOLOUTSIZE * FILTERNO + 1]; /* 全結合層への入力データ */
 83:   double o;                                   /* 最終出力 */
 84:   double hi[HIDDENNO + 1];                    /* 中間層の出力 */
 85:   double wh[HIDDENNO][POOLOUTSIZE * POOLOUTSIZE * FILTERNO + 1]; /* 中間層の重み */
 86:   double wo[HIDDENNO + 1];                    /* 出力層の重み */
 87:
 88:   /* 乱数の初期化 */
 89:   srand(SEED);
 90:
 91:   /* フィルターの初期化 */
 92:   initfilter(filter);
 93:
 94:   /* 全結合層の重みの初期化 */
 95:   initwh(wh); /* 中間層の重みの初期化 */
 96:   initwo(wo); /* 出力層の重みの初期化 */
 97:
 98:   /* 入力データの読み込み */
 99:   n_of_e = getdata(e, t);
100:   showdata(e, t, n_of_e);
101:
102:   /* 学習 */
103:   while (err > LIMIT) {
104:     err = 0.0;
105:     for (i = 0; i < n_of_e; ++i) {       /* 学習データごとの繰り返し */
106:       for (j = 0; j < FILTERNO; ++j) {   /* フィルタごとの繰り返し */
107:         /* 畳み込みの計算 */
108:         conv(filter[j], e[i], convout);
109:         /* プーリングの計算 */
110:         pool(convout, poolout);
111:         /* プーリング出力を全結合層の入力へコピー */
112:         for (m = 0; m < POOLOUTSIZE; ++m)
113:           for (n = 0; n < POOLOUTSIZE; ++n)
114:             ef[j * POOLOUTSIZE * POOLOUTSIZE + POOLOUTSIZE * m + n]
115:               = poolout[m][n];
116:         ef[POOLOUTSIZE * POOLOUTSIZE * FILTERNO] = t[i]; /* 教師データ */
117:       }
118:       /* 順方向の計算 */
119:       o = forward(wh, wo, hi, ef);
120:       /* 出力層の重みの調整 */
```

■リスト5.2 (つづき)

```
121:      olearn(wo, hi, ef, o);
122:      /* 中間層の重みの調整 */
123:      hlearn(wh, wo, hi, ef, o);
124:      /* 誤差の積算 */
125:      err += (o - t[i]) * (o - t[i]);
126:    }
127:    ++count;
128:    /* 誤差の出力 */
129:    fprintf(stderr, "%d\t%lf\n", count, err);
130:  }/* 学習終了 */
131:
132:  printf("\n***Results***\n");
133:  /* 結合荷重の出力 */
134:  printf("Weights\n");
135:  print(wh, wo);
136:
137:  /* 教師データに対する出力 */
138:  printf("Network output\n");
139:  printf("#\tteacher\toutput\n");
140:  for (i = 0; i < n_of_e; ++i) {
141:    printf("%d\t%d\t", i, t[i]);
142:    for (j = 0; j < FILTERNO; ++j) { /* フィルタごとの繰り返し */
143:      /* 畳み込みの計算 */
144:      conv(filter[j], e[i], convout);
145:      /* プーリングの計算 */
146:      pool(convout, poolout);
147:      /* プーリング出力を全結合層の入力へコピー */
148:      for (m = 0; m < POOLOUTSIZE; ++m)
149:        for (n = 0; n < POOLOUTSIZE; ++n)
150:          ef[j * POOLOUTSIZE * POOLOUTSIZE + POOLOUTSIZE * m + n]
151:            = poolout[m][n];
152:      ef[POOLOUTSIZE * POOLOUTSIZE * FILTERNO] = t[i]; /* 教師データ */
153:    }
154:    o = forward(wh, wo, hi, ef);
155:    printf("%lf\n", o);
156:  }
157:
158:  return 0;
159:}
160:
```

■リスト 5.2 （つづき）

```
161:/***********************/
162:/*    print()関数         */
163:/*    結果の出力          */
164:/***********************/
165:void print(double wh[HIDDENNO][POOLOUTSIZE * POOLOUTSIZE * FILTERNO + 1],
166:           double wo[HIDDENNO + 1])
167:{
168:  int i, j; /* 繰り返しの制御 */
169:
170:  for (i = 0; i < HIDDENNO; ++i)
171:    for (j = 0; j < POOLOUTSIZE * POOLOUTSIZE * FILTERNO + 1; ++j)
172:      printf("%lf ", wh[i][j]);
173:  printf("\n");
174:  for (i = 0; i < HIDDENNO + 1; ++i)
175:    printf("%lf ", wo[i]);
176:  printf("\n");
177:}
178:
179:/***********************/
180:/*    hlearn()関数        */
181:/*    中間層の重み学習    */
182:/***********************/
183:void hlearn(double wh[HIDDENNO][POOLOUTSIZE * POOLOUTSIZE * FILTERNO + 1],
184:            double wo[HIDDENNO + 1],
185:            double hi[], double e[POOLOUTSIZE * POOLOUTSIZE * FILTERNO + 1],
186:            double o)
187:{
188:  int i, j;  /* 繰り返しの制御 */
189:  double dj; /* 中間層の重み計算に利用 */
190:
191:  for (j = 0; j < HIDDENNO; ++j) { /* 中間層の各セルjを対象 */
192:    dj = hi[j] * (1 - hi[j]) * wo[j] * (e[POOLOUTSIZE * POOLOUTSIZE * FILTERNO] - o) * o * (1 - o);
193:    for (i = 0; i < POOLOUTSIZE * POOLOUTSIZE * FILTERNO; ++i) /* i番目の重みを処理 */
194:      wh[j][i] += ALPHA * e[i] * dj;
195:    wh[j][i] += ALPHA * (-1.0) * dj; /* しきい値の学習 */
196:  }
197:}
198:
199:/***********************/
200:/*    olearn()関数        */
```

■リスト 5.2 (つづき)

```
201:/*  出力層の重み学習      */
202:/**********************/
203:void olearn(double wo[HIDDENNO + 1],
204:            double hi[], double e[POOLOUTSIZE * POOLOUTSIZE * FILTERNO + 1],
205:            double o)
206:{
207:  int i;    /* 繰り返しの制御 */
208:  double d; /* 重み計算に利用 */
209:
210:  d = (e[POOLOUTSIZE * POOLOUTSIZE * FILTERNO] - o) * o * (1 - o); /* 誤差の計算 */
211:  for (i = 0; i < HIDDENNO; ++i) {
212:    wo[i] += ALPHA * hi[i] * d; /* 重みの学習 */
213:  }
214:  wo[i] += ALPHA * (-1.0) * d;  /* しきい値の学習 */
215:}
216:
217:/**********************/
218:/*  forward()関数       */
219:/*  順方向の計算        */
220:/**********************/
221:double forward(double wh[HIDDENNO][POOLOUTSIZE * POOLOUTSIZE * FILTERNO + 1],
222:               double wo[HIDDENNO + 1], double hi[],
223:               double e[POOLOUTSIZE * POOLOUTSIZE * FILTERNO + 1])
224:{
225:  int i, j; /* 繰り返しの制御 */
226:  double u; /* 重み付き和の計算 */
227:  double o; /* 出力の計算 */
228:
229:  /* hiの計算 */
230:  for (i = 0; i < HIDDENNO; ++i) {
231:    u = 0; /* 重み付き和を求める */
232:    for (j = 0; j < POOLOUTSIZE * POOLOUTSIZE * FILTERNO; ++j)
233:      u += e[j] * wh[i][j];
234:    u -= wh[i][j]; /* しきい値の処理 */
235:    hi[i] = f(u);
236:  }
237:  /* 出力oの計算 */
238:  o = 0;
239:  for (i = 0; i < HIDDENNO; ++i)
240:    o += hi[i] * wo[i];
```

■リスト5.2 （つづき）

```
241:    o -= wo[i]; /* しきい値の処理 */
242:
243:    return f(o);
244:}
245:
246:/************************/
247:/*     initwo()関数      */
248:/* 中間層の重みの初期化    */
249:/************************/
250:void initwh(double wh[][POOLOUTSIZE * POOLOUTSIZE * FILTERNO + 1])
251:{
252:    int i, j; /* 繰り返しの制御 */
253:
254:    /* 乱数による重みの決定 */
255:    for (i = 0; i < HIDDENNO; ++i)
256:        for (j = 0; j < POOLOUTSIZE * POOLOUTSIZE * FILTERNO + 1; ++j)
257:            wh[i][j] = drnd();
258:}
259:
260:/************************/
261:/*     initwo()関数      */
262:/* 出力層の重みの初期化    */
263:/************************/
264:void initwo(double wo[])
265:{
266:    int i; /* 繰り返しの制御 */
267:
268:    /* 乱数による重みの決定 */
269:    for (i = 0; i < HIDDENNO + 1; ++i)
270:        wo[i] = drnd();
271:}
272:
273:/************************/
274:/* initfilter()関数      */
275:/*   フィルタの初期化     */
276:/************************/
277:void initfilter(double filter[FILTERNO][FILTERSIZE][FILTERSIZE])
278:{
279:    int i, j, k; /* 繰り返しの制御 */
280:
```

■ リスト 5.2 (つづき)

```
281: for (i = 0; i < FILTERNO; ++i)
282:   for (j = 0; j < FILTERSIZE; ++j)
283:     for (k = 0; k < FILTERSIZE; ++k)
284:       filter[i][j][k] = drnd();
285:}
286:
287:/********************/
288:/* drnd()関数        */
289:/* 乱数の生成        */
290:/********************/
291:double drnd(void)
292:{
293:  double rndno;  /* 生成した乱数 */
294:
295:  while ((rndno = (double)rand() / RAND_MAX) == 1.0);
296:  rndno = rndno * 2 - 1; /* -1から1の間の乱数を生成 */
297:  return rndno;
298:}
299:
300:/***********************/
301:/*  pool()関数          */
302:/*  プーリングの計算    */
303:/***********************/
304:void pool(double convout[][INPUTSIZE],
305:          double poolout[][POOLOUTSIZE])
306:{
307:  int i, j; /* 繰り返しの制御 */
308:
309:  for (i = 0; i < POOLOUTSIZE; ++i)
310:    for (j = 0; j < POOLOUTSIZE; ++j)
311:      poolout[i][j] = maxpooling(convout, i, j);
312:}
313:
314:/***********************/
315:/* maxpooling()関数     */
316:/* 最大値プーリング     */
317:/***********************/
318:double maxpooling(double convout[][INPUTSIZE],
319:                  int i, int j)
320:{
```

■リスト 5.2 (つづき)

```
321:    int m, n;                    /* 繰り返しの制御用 */
322:    double max;                  /* 最大値*/
323:    int halfpool = POOLSIZE / 2; /* プーリングのサイズの1/2 */
324:
325:    max
326:      = convout[i * POOLOUTSIZE + 1 + halfpool][j * POOLOUTSIZE + 1 + halfpool];
327:    for (m = POOLOUTSIZE * i + 1; m <= POOLOUTSIZE * i + 1 + (POOLSIZE - halfpool); ++m)
328:      for (n = POOLOUTSIZE * j + 1; n <= POOLOUTSIZE * j + 1 + (POOLSIZE - halfpool); ++n)
329:        if (max < convout[m][n]) max = convout[m][n];
330:
331:    return max;
332:}
333:
334:/**********************/
335:/* showdata()関数       */
336:/* 入力データの表示     */
337:/**********************/
338:void showdata(double e[][INPUTSIZE][INPUTSIZE], int t[], int n_of_e)
339:{
340:    int i = 0, j = 0, k = 0; /* 繰り返しの制御 */
341:
342:    /* データの表示*/
343:    for (i = 0; i < n_of_e; ++i) {
344:      printf("N=%d category=%d\n", i, t[i]);
345:      for (j = 0; j < INPUTSIZE; ++j) {
346:        for (k = 0; k < INPUTSIZE; ++k)
347:          printf("%.3lf ", e[i][j][k]);
348:        printf("\n");
349:      }
350:      printf("\n");
351:    }
352:}
353:
354:/**************************/
355:/*  getdata()関数          */
356:/*  入力データの読み込み    */
357:/**************************/
358:int getdata(double e[][INPUTSIZE][INPUTSIZE], int t[])
359:{
360:    int i=0, j=0, k=0; /* 繰り返しの制御用 */
```

■ リスト 5.2 (つづき)

```
361:
362:   /* データの入力 */
363:   while (scanf("%d", &t[i]) != EOF) { /* 教師データの読み込み */
364:     /* 画像データの読み込み */
365:     while (scanf("%lf", &e[i][j][k]) != EOF) {
366:       ++k;
367:       if (k >= INPUTSIZE) { /* 次のデータ */
368:         k = 0;
369:         ++j;
370:         if (j >= INPUTSIZE) break; /* 入力終了 */
371:       }
372:     }
373:     j = 0; k = 0;
374:     ++i;
375:   }
376:   return i;
377:}
378:
379:/***********************/
380:/*  conv()関数          */
381:/*  畳み込みの計算       */
382:/***********************/
383:void conv(double filter[][FILTERSIZE],
384:          double e[][INPUTSIZE], double convout[][INPUTSIZE])
385:{
386:   int i = 0, j = 0;              /* 繰り返しの制御用 */
387:   int startpoint = FILTERSIZE / 2; /* 畳み込み範囲の下限 */
388:
389:   for (i = startpoint; i < INPUTSIZE - startpoint; ++i)
390:     for (j = startpoint; j < INPUTSIZE - startpoint; ++j)
391:       convout[i][j] = calcconv(filter, e, i, j);
392:}
393:
394:/***********************/
395:/*  calcconv()関数       */
396:/*  フィルタの適用       */
397:/***********************/
398:double calcconv(double filter[][FILTERSIZE],
399:                double e[][INPUTSIZE], int i, int j)
```

■ リスト 5.2 （つづき）

```
400:{
401:  int m, n;       /* 繰り返しの制御用 */
402:  double sum = 0; /* 和の値 */
403:
404:  for (m = 0; m < FILTERSIZE; ++m)
405:    for (n = 0; n < FILTERSIZE; ++n)
406:      sum += e[i - FILTERSIZE / 2 + m][j - FILTERSIZE / 2 + n] * filter[m][n];
407:
408:  return sum;
409:}
410:
411:/********************/
412:/* f()関数           */
413:/* 伝達関数          */
414:/* (シグモイド関数)   */
415:/********************/
416:double f(double u)
417:{
418:  return 1.0 / (1.0 + exp(-u));
419:}
```

■ リスト 5.2 (つづき) *1

simplecnn プログラムの実行例を**実行例 5.2**に示します。実行例 5.2 では、縦方向の成分を持つ入力データをカテゴリ 1 とし、横方向の成分を持つデータをカテゴリ 0 としています。図のように、simplecnn プログラムはこれらの入力データの分類知識を獲得しています。

```
C:¥Users¥odaka¥dl¥ch5>type data11.txt
1
0 0 0 0 0 1 0 0 0 0 0
0 0 0 0 0 1 0 0 0 0 0
0 0 0 0 0 1 0 0 0 0 0
```

学習データファイル data11.txt

■ 実行例 5.2　simplecnn.c プログラムの実行例

---

*1　simplecnn.c プログラムを MinGW や Cygwin の gcc を用いてコンパイルする際には、数学ライブラリのリンクのために -lm オプションを与える必要があります。
　　C:¥Users¥odaka¥dl¥ch5>gcc simplecnn.c -o simplecnn -lm

```
0 0 0 0 0 1 0 0 0 0
0 0 0 0 0 1 0 0 0 0
0 0 0 0 0 1 0 0 0 0
0 0 0 0 0 1 0 0 0 0
0 0 0 0 0 1 0 0 0 0
0 0 0 0 0 1 0 0 0 0
0 0 0 0 0 1 0 0 0 0
0 0 0 0 0 1 0 0 0 0
0
0 0 0 0 0 0 0 0 0 0
0 0 0 0 0 0 0 0 0 0
0 0 0 0 0 0 0 0 0 0
0 0 0 0 0 0 0 0 0 0
0 0 0 0 0 0 0 0 0 0
1 1 1 1 1 1 1 1 1 1
0 0 0 0 0 0 0 0 0 0
0 0 0 0 0 0 0 0 0 0
0 0 0 0 0 0 0 0 0 0
0 0 0 0 0 0 0 0 0 0
0 0 0 0 0 0 0 0 0 0
0
0 0 0 0 0 0 0 0 0 0
0 0 0 0 0 0 0 0 0 0
0 0 0 0 0 0 0 0 0 0
0 0 0 0 0 0 0 0 0 0
1 1 1 1 1 1 1 1 1 1
1 1 1 1 1 1 1 1 1 1
1 1 1 1 1 1 1 1 1 1
0 0 0 0 0 0 0 0 0 0
0 0 0 0 0 0 0 0 0 0
0 0 0 0 0 0 0 0 0 0
0 0 0 0 0 0 0 0 0 0
1
0 0 0 0 1 1 1 0 0 0 0
0 0 0 0 1 1 1 0 0 0 0
0 0 0 0 1 1 1 0 0 0 0
0 0 0 0 1 1 1 0 0 0 0
0 0 0 0 1 1 1 0 0 0 0
0 0 0 0 1 1 1 0 0 0 0
```

縦方向の成分を持つ入力データ（カテゴリ1）

横方向の成分を持つ入力データ（カテゴリ0）

横方向の成分を持つ入力データ（カテゴリ0）

縦方向の成分を持つ入力データ（カテゴリ1）

■実行例5.2 （つづき）

```
0 0 0 0 1 1 1 0 0 0 0
0 0 0 0 1 1 1 0 0 0 0
0 0 0 0 1 1 1 0 0 0 0
0 0 0 0 1 1 1 0 0 0 0
0 0 0 0 1 1 1 0 0 0 0

C:\Users\odaka\dl\ch5>simplecnn < data11.txt
N=0 category=1
0.000 0.000 0.000 0.000 0.000 1.000 0.000 0.000 0.000 0.000 0.000
0.000 0.000 0.000 0.000 0.000 1.000 0.000 0.000 0.000 0.000 0.000
（以下、入力データが表示される）                    ← 学習データの表示

1       2.429131
2       2.123176        ← 学習過程の表示
3       1.825521
4       1.834441
5       1.157155
（以下、学習の過程が表示される）
159     0.001007
160     0.001000
161     0.000994


***Results***
Weights         ← 学習結果の表示
-1.022996 -2.600991 -0.326398 -0.055167 0.134531 1.774766
-1.586419 -1.959055 -0
.022912 0.129428 0.456186 -0.012787 0.067485 0.406512 0.395499
2.006874 0.657189
 2.500237 -0.408774 -0.981821 -1.612553 0.654836 -0.300301
-1.085151 0.732883 0.
272107 -1.776453 0.874553 -0.827000 -0.005930 -0.256508 0.976832
-0.111214 -0.13
5955 0.231774 1.703865 1.881767 -0.373675 0.159833 -1.326259
-0.850090 -0.040452
 -1.430899 0.032666 0.224356 -1.260515 -0.165980 0.036809
-0.048731 0.312723 0.1
48134 1.277474 1.672926 -0.601189 0.424755 -0.324054 0.597627
-3.963106 -4.181808 -2.401114 -4.099884
Network output
```

■実行例 5.2 （つづき）

第5章 深層学習

```
#       teacher output
0       1       0.980729
1       0       0.005543
2       0       0.017341
3       1       0.983174

C:¥Users¥odaka¥dl¥ch5>
```

> 教師データと畳み込み
> ニューラルネットのみ

■実行例 5.2 （つづき）

図5.14に、実行例5.2に実行例における学習時の誤差の推移を示します。図に示すように、学習はなめらかに進んでいます。

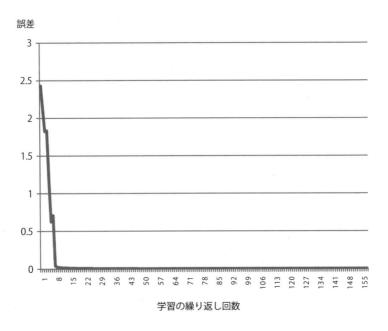

■図 5.14　実行例 5.2 における誤差の推移曲線

5.2.3　自己符号化器の実現

本書の最後の例として、3層の自己符号化器を構成しましょう。先に述べたように、3層の自己符号化器とは、入出力の大きさが等しくて中間層が小さな、階層型ニューラルネットのことです。そこで、前章のバックプロパゲーションのプログラムであるbp1.cプログラムの出力層を複数の人工ニューロンに拡張することで、自

己符号化器を実現します。

出力層を複数の人工ニューロンに拡張すると、バックプロパゲーションの手続きは次のようになります。

バックプロパゲーションの計算手順（出力層の人工ニューロンが複数個の場合）

適当な終了条件を満たすまで以下を繰り返す

(1) 学習データセット中の一つの例 (x, o) について以下を計算する

x を用いて、中間層の出力 h を計算する

h を用いて、出力層の出力 o を計算する

(2) 出力層の j 番目のニューロセルについて以下を計算する

$$wo_{ji} \leftarrow wo_{ji} + \alpha \times E \times o_j \times (1 - o_j) \times h_{ji}$$

(3) 中間層の j 番目のニューロセルについて以下を計算する

$$\Delta_j \leftarrow h_j \times (1 - h_j) \times w_j \times E \times o_j \times (1 - o_j)$$

(4) 中間層の j 番目のニューロセルにおける i 番目の入力について以下を計算する

$$w_{ji} \leftarrow w_{ji} + \alpha \times x_i \times \Delta_j$$

上記手続きは、出力層の人工ニューロンが1個の場合をほとんど同じです。異なるのは、出力層のネットワークの構造と、出力層の重みの更新部分です。したがって、自己符号化器のプログラムae.cは、形式上はbp1.cとほとんど同じプログラムとなります。

自己符号化器プログラムae.cがbp1.cプログラムと異なるのは、主として以下の点です（**表5.1**）。

■表5.1　自己符号化器プログラム ae.c と bp1.c プログラムの相違点（拡張点）

項目	内容	プログラム上の記述
(1) 出力層の人工ニューロン数の指定	記号定数OUTPUTNOを用いて、以下の要領で出力層の人工ニューロンの個数を指定します。	`#define OUTPUTNO 9` /* 出力層の人工ニューロン数 */
(2) 出力層の重みを格納する配列wo[]の2次元化	出力層の人工ニューロン数が複数となるので、配列wo[]を2次元配列とします。	`double wo[HIDDENNO + 1];` /* 出力層の重み */ ↓ `double wo[OUTPUTNO][HIDDENNO + 1];` /* 出力層の重み */

（続く）

■表5.1 自己符号化器プログラムae.cとbp1.cプログラムの相違点（拡張点）（続き）

項目	内容	プログラム上の記述

(3) 学習データを格納する配列e[][]の拡張	出力数が増えるので、学習データセットの教師データ格納領域を拡張します。	`double e[MAXINPUTNO][INPUTNO + 1]; /* 学習データセット */`
		↓
		`double e[MAXINPUTNO][INPUTNO + OUTPUTNO]; /* 学習データセット */`

(4) 出力oの配列o[]への拡張	出力数がOUTPUTNO個となるので、出力を格納する変数oを配列o[]に変更します。	`double o; /* 出力 */`
		↓
		`double o[OUTPUTNO]; /* 出力 */`

(5) 順方向計算の複数出力化	出力が複数となるので、順方向の計算もforward()関数の複数回の呼び出しが必要です。	`o = forward(wh, wo, hi, e[i]);`
		↓
		`o[k] = forward(wh, wo[k], hi, e[j]); /* kは繰り返しの制御変数 */`

(6) 出力層の学習処理の変更	出力層の人工ニューロンそれぞれについて、olearn()関数を用いて重みとしきい値の学習を行います。	`olearn(wo, hi, e[j], o);`
		↓
		`olearn(wo[k], hi, e[j], o[k], k); /* kは繰り返しの制御変数 */`

　上記表5.1に示した変更点の他、誤差の評価など、関連する計算についての若干の変更が必要となります。

　以上の変更をbp1.cプログラムに施して、ae.cプログラムを構成します。

　以上の変更点をもとに、自己符号化器プログラムae.cを構成します。**リスト5.3**にae.cプログラムのソースプログラムを示します。

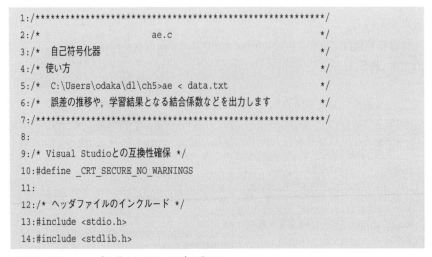

```
1:/***********************************************************/
2:/*                    ae.c                                 */
3:/*   自己符号化器                                           */
4:/*   使い方                                                 */
5:/*   C:\Users\odaka\dl\ch5>ae < data.txt                   */
6:/*   誤差の推移や，学習結果となる結合係数などを出力します   */
7:/***********************************************************/
8:
9:/* Visual Studioとの互換性確保 */
10:#define _CRT_SECURE_NO_WARNINGS
11:
12:/* ヘッダファイルのインクルード */
13:#include <stdio.h>
14:#include <stdlib.h>
```

■リスト5.3 ae.cプログラムのソースプログラム

```
15:#include <math.h>
16:
17:
18:/* 記号定数の定義 */
19:#define INPUTNO 9        /* 入力層のセル数 */
20:#define HIDDENNO 2       /* 中間層のセル数 */
21:#define OUTPUTNO 9       /* 出力層の人工ニューロン数 */
22:#define ALPHA   10       /* 学習係数 */
23:#define SEED 65535       /* 乱数のシード */
24:#define MAXINPUTNO 100   /* 学習データの最大個数 */
25:#define BIGNUM 100       /* 誤差の初期値 */
26:#define LIMIT 0.0001     /* 誤差の上限値 */
27:
28:/* 関数のプロトタイプの宣言 */
29:double f(double u);                     /* 伝達関数(シグモイド関数) */
30:void initwh(double wh[HIDDENNO][INPUTNO + 1]);
31:                                        /* 中間層の重みの初期化 */
32:void initwo(double wo[HIDDENNO + 1]);   /* 出力層の重みの初期化 */
33:double drnd(void);                      /* 乱数の生成 */
34:void print(double wh[HIDDENNO][INPUTNO + 1],
35:           double wo[OUTPUTNO][HIDDENNO + 1]); /* 結果の出力 */
36:double forward(double wh[HIDDENNO][INPUTNO + 1],
37:               double wo[HIDDENNO + 1],double hi[],
38:               double e[]);             /* 順方向の計算 */
39:void olearn(double wo[HIDDENNO + 1], double hi[],
40:            double e[], double o, int k);  /* 出力層の重みの調整 */
41:int getdata(double e[][INPUTNO + OUTPUTNO]); /* 学習データの読み込み */
42:void hlearn(double wh[HIDDENNO][INPUTNO + 1],
43:            double wo[HIDDENNO+1],double hi[],
44:            double e[], double o, int k);  /* 中間層の重みの調整 */
45:
46:/******************/
47:/*   main()関数    */
48:/******************/
49:int main()
50:{
51:  double wh[HIDDENNO][INPUTNO + 1];          /* 中間層の重み */
52:  double wo[OUTPUTNO][HIDDENNO + 1];         /* 出力層の重み */
53:  double e[MAXINPUTNO][INPUTNO + OUTPUTNO];  /* 学習データセット */
```

■リスト5.3 （つづき）

```
54:    double hi[HIDDENNO + 1];            /* 中間層の出力 */
55:    double o[OUTPUTNO];                 /* 出力 */
56:    double err = BIGNUM;                /* 誤差の評価 */
57:    int i, j, k;                        /* 繰り返しの制御 */
58:    int n_of_e;                         /* 学習データの個数 */
59:    int count = 0;                      /* 繰り返し回数のカウンタ */
60:
61:    /* 乱数の初期化 */
62:    srand(SEED);
63:
64:    /* 重みの初期化 */
65:    initwh(wh);           /* 中間層の重みの初期化 */
66:    for (i = 0; i < OUTPUTNO; ++i)
67:      initwo(wo[i]);  /* 出力層の重みの初期化 */
68:    print(wh, wo);    /* 結果の出力 */
69:
70:    /* 学習データの読み込み */
71:    n_of_e = getdata(e);
72:    printf("学習データの個数:%d\n", n_of_e);
73:
74:    /* 学習 */
75:    while (err > LIMIT) {
76:      /* 複数の出力層に対応 */
77:      for (k = 0; k < OUTPUTNO; ++k) {
78:        err = 0.0;
79:        for (j = 0; j < n_of_e; ++j) {
80:          /* 順方向の計算 */
81:          o[k] = forward(wh, wo[k], hi, e[j]);
82:          /* 出力層の重みの調整 */
83:          olearn(wo[k], hi, e[j], o[k], k);
84:          /* 中間層の重みの調整 */
85:          hlearn(wh, wo[k], hi, e[j], o[k], k);
86:          /* 誤差の積算 */
87:          err += (o[k] - e[j][INPUTNO + k]) * (o[k] - e[j][INPUTNO + k]);
88:        }
89:        ++count;
90:        /* 誤差の出力 */
91:        fprintf(stderr, "%d\t%lf\n", count, err);
92:        /* 複数の出力層対応部分終了 */
```

■ リスト 5.3 （つづき）

```
 93:    }
 94:   }/* 学習終了 */
 95:
 96:   /* 結合荷重の出力 */
 97:   print(wh, wo);
 98:
 99:   /* 学習データに対する出力 */
100:   for (i = 0; i < n_of_e; ++i) {
101:     printf("%d ", i);
102:     for (j = 0; j < INPUTNO + OUTPUTNO; ++j)
103:       printf("%.3lf ", e[i][j]);
104:     printf("\t");
105:     for (j = 0; j < OUTPUTNO; ++j)
106:       printf("%.3lf", forward(wh, wo[j], hi, e[i]));
107:     printf("\n");
108:   }
109:
110:   return 0;
111: }
112:
113: /*********************/
114: /*  hlearn()関数       */
115: /*  中間層の重み学習    */
116: /*********************/
117: void hlearn(double wh[HIDDENNO][INPUTNO + 1],
118:             double wo[HIDDENNO + 1],
119:             double hi[], double e[], double o, int k)
120: {
121:   int i, j;   /* 繰り返しの制御 */
122:   double dj; /* 中間層の重み計算に利用 */
123:
124:   for (j = 0; j < HIDDENNO; ++j) {    /* 中間層の各セルjを対象 */
125:     dj = hi[j] * (1 - hi[j]) * wo[j] * (e[INPUTNO + k] - o) * o * (1 - o);
126:     for (i = 0; i < INPUTNO; ++i)    /* i番目の重みを処理 */
127:       wh[j][i] += ALPHA * e[i] * dj;
128:     wh[j][i] += ALPHA * (-1.0) * dj; /* しきい値の学習 */
129:   }
130: }
131:
```

■ リスト5.3 （つづき）

```
132:/***********************/
133:/*  getdata()関数         */
134:/* 学習データの読み込み    */
135:/***********************/
136:int getdata(double e[][INPUTNO + OUTPUTNO])
137:{
138:  int n_of_e = 0; /* データセットの個数 */
139:  int j = 0;       /* 繰り返しの制御用 */
140:
141:  /* データの入力 */
142:  while (scanf("%lf", &e[n_of_e][j]) != EOF) {
143:    ++j;
144:    if (j >= INPUTNO + OUTPUTNO) { /* 次のデータ */
145:      j = 0;
146:      ++n_of_e;
147:    }
148:  }
149:
150:  return n_of_e;
151:}
152:
153:/***********************/
154:/*  olearn()関数          */
155:/*  出力層の重み学習      */
156:/***********************/
157:void olearn(double wo[HIDDENNO + 1],
158:            double hi[], double e[INPUTNO + 1], double o, int k)
159:{
160:  int i;    /* 繰り返しの制御 */
161:  double d; /* 重み計算に利用 */
162:
163:  d = (e[INPUTNO + k] - o) * o * (1 - o); /* 誤差の計算 */
164:  for (i = 0; i < HIDDENNO; ++i) {
165:    wo[i] += ALPHA * hi[i] * d;              /* 重みの学習 */
166:  }
167:  wo[i] += ALPHA * (-1.0) * d;               /* しきい値の学習 */
168:}
169:
170:/***********************/
```

■リスト 5.3 (つづき)

```
171:/*  forward()関数      */
172:/*   順方向の計算        */
173:/***********************/
174:double forward(double wh[HIDDENNO][INPUTNO + 1],
175:               double wo[HIDDENNO + 1], double hi[], double e[INPUTNO + 1])
176:{
177:  int i, j; /* 繰り返しの制御 */
178:  double u; /* 重み付き和の計算 */
179:  double o; /* 出力の計算 */
180:
181:  /* hiの計算 */
182:  for (i = 0; i < HIDDENNO; ++i) {
183:    u = 0;          /* 重み付き和を求める */
184:    for (j = 0; j < INPUTNO; ++j)
185:      u += e[j] * wh[i][j];
186:    u -= wh[i][j]; /* しきい値の処理 */
187:    hi[i] = f(u);
188:  }
189:  /* 出力oの計算 */
190:  o = 0;
191:  for (i = 0; i < HIDDENNO; ++i)
192:    o += hi[i] * wo[i];
193:  o -= wo[i]; /* しきい値の処理 */
194:
195:  return f(o);
196:}
197:
198:/***********************/
199:/*   print()関数       */
200:/*    結果の出力        */
201:/***********************/
202:void print(double wh[HIDDENNO][INPUTNO + 1],
203:           double wo[OUTPUTNO][HIDDENNO + 1])
204:{
205:  int i, j; /* 繰り返しの制御 */
206:
207:  for (i = 0; i < HIDDENNO; ++i) {
208:    for (j = 0; j < INPUTNO + 1; ++j)
209:      printf("%.3lf ", wh[i][j]);
```

■ リスト5.3 （つづき）

```
210:    printf("\n");
211:  }
212:  printf("\n");
213:  for (i = 0; i < OUTPUTNO; ++i) {
214:    for (j = 0; j < HIDDENNO + 1; ++j)
215:      printf("%.3lf ", wo[i][j]);
216:    printf("\n");
217:  }
218:  printf("\n");
219:}
220:
221:/***********************/
222:/*    initwo()関数       */
223:/*  中間層の重みの初期化    */
224:/***********************/
225:void initwh(double wh[HIDDENNO][INPUTNO + 1])
226:{
227:  int i, j; /* 繰り返しの制御 */
228:
229:  /* 乱数による重みの決定 */
230:  for (i = 0; i < HIDDENNO; ++i)
231:    for (j = 0; j < INPUTNO + 1; ++j)
232:      wh[i][j] = drnd();
233:}
234:
235:/***********************/
236:/*    initwo()関数       */
237:/*  出力層の重みの初期化    */
238:/***********************/
239:void initwo(double wo[HIDDENNO + 1])
240:{
241:  int i; /* 繰り返しの制御 */
242:
243:  /* 乱数による重みの決定 */
244:  for (i = 0; i < HIDDENNO + 1; ++i)
245:    wo[i] = drnd();
246:}
247:
248:/*******************/
```

■ リスト 5.3 （つづき）

```
249:/* drnd()関数         */
250:/* 乱数の生成         */
251:/*********************/
252:double drnd(void)
253:{
254:  double rndno; /* 生成した乱数 */
255:
256:  while ((rndno = (double)rand() / RAND_MAX) == 1.0);
257:  rndno = rndno * 2 - 1; /* -1から1の間の乱数を生成 */
258:  return rndno;
259:}
260:
261:/*********************/
262:/* f()関数            */
263:/* 伝達関数           */
264:/* （シグモイド関数） */
265:/*********************/
266:double f(double u)
267:{
268:  return 1.0 / (1.0 + exp(-u));
269:}
```

■リスト5.3 （つづき）[2]

リスト5.3に示したae.cプログラムでは、入出力の人工ニューロン数を9とし、中間層の人工ニューロン数を2としています。これらの値は、19行～21行の記号定数の定義によって与えています。

```
18:/* 記号定数の定義 */
19:#define INPUTNO 9      /* 入力層のセル数 */
20:#define HIDDENNO 2     /* 中間層のセル数 */
21:#define OUTPUTNO 9     /* 出力層の人工ニューロン数 */
```

ae.cプログラムへ与える学習データは、入力データ9個と教師データ9個の、18個の数値を一組みとして構成します。ここではニューラルネットを自己符号化器と

---

[2] ae.cプログラムをMinGWやCygwinのgccを用いてコンパイルする際には、数学ライブラリのリンクのために-lmオプションを与える必要があります。
　　C:¥Users¥odaka¥dl¥ch5>gcc ae.c.c -o ae.c　-lm

して扱いますから、入力データと教師データは同じものの繰り返しになります。

　ae.cプログラムへ与える学習データの例を**実行例5.3**に示します。図では、学習データセットaedata1.txtに含まれる6組の学習データが示されています。

```
C:\Users\odaka\dl\ch5>type aedata1.txt
0 0 1 0 0 1 0 0 1 0 0 1 0 0 1 0 0 1
0 1 0 0 1 0 0 1 0 0 1 0 0 1 0 0 1 0
1 0 0 1 0 0 1 0 0 1 0 0 1 0 0 1 0 0
0 0 0 0 0 0 0 0 0 0 0 0 0 0 0 0 0 0
0 0 0 1 1 1 0 0 0 0 0 0 1 1 1 0 0 0
1 1 1 0 0 0 0 0 0 1 1 1 0 0 0 0 0 0

C:\Users\odaka\dl\ch5>
```

6組の学習データ（入力データ9個と教師データ9個の、18個の数値を一組みとして構成）

■実行例5.3　ae.cプログラムへ与える学習データの例

　実行例5.4にae.cプログラムの実行例を示します。実行例5.4では、実行例5.3に示した学習データaedata1.txtを与えて自己符号化器をトレーニングしています。

```
C:\Users\odaka\dl\ch5>ae < aedata1.txt
0.064 0.441 -0.108 0.935 -0.791 0.400 -0.875 0.050 0.991 0.973
-0.258 0.899 -0.779 -0.688 -0.451 -0.723 -0.118 0.375 -0.052 -0.859

-0.396 -0.247 0.713
0.542 -0.868 -0.471
-0.346 0.869 0.834
-0.013 0.745 0.723
0.334 0.979 -0.732
0.734 -0.691 -0.231
-0.457 0.629 -0.465
-0.846 -0.208 0.870
-0.774 0.696 -0.276

学習データの個数:6
1     1.810854
2     2.202344
3     2.880502
```

■実行例5.4　ae.cプログラムの実行例

```
4     2.076027
5     3.407491
6     2.604880
7     1.337804
```
← 学習過程での誤差の推移

（以下学習誤差の表示が続く）
```
7416      0.895334
47417     0.000182
47418     0.873305
47419     0.000427
47420     0.897566
47421     0.000100
```
← 学習の終了

```
3.361 2.997 10.127 -5.959 -8.426 0.444 -6.166 -5.981 2.639 0.411
6.251 1.680 -1.584 0.270 -5.221 -7.080 3.778 -1.457 -3.470 -0.127


3.106 18.730 14.296
8.355 8.349 12.600
24.009 -6.461 12.662
-19.915 4.335 -1.128
-16.598 -9.834 -4.805
3.540 -27.958 -1.022
-8.428 15.102 10.930
-7.434 -4.291 1.138
10.706 -10.614 5.999
```
← 学習結果の表示

← 教師データと、自己符号化器の出力の比較

```
0 0.000 0.000 1.000 0.000 0.000 1.000 0.000 0.000 1.000 0.000 0.000
1.000 0.000 0.000 1.000 0.000 0.000 1.000     0.000 0.014 1.000 0.000
0.000 0.990 0.000 0.000 0.991
1 0.000 1.000 0.000 0.000 1.000 0.000 0.000 1.000 0.000 0.000 1.000
0.000 0.000 1.000 0.000 0.000 1.000 0.000     0.000 0.000 0.000 0.761
0.991 0.692 0.000 0.237 0.002
2 1.000 0.000 0.000 1.000 0.000 0.000 0.000 1.000 0.000 1.000 0.000
0.000 1.000 0.000 0.000 1.000 0.000 0.000     0.988 0.014 0.000 0.996
0.006 0.000 0.985 0.004 0.000
3 0.000 0.000 0.000 0.000 0.000 0.000 0.000 0.000 0.000 0.000 0.000
0.000 0.000 0.000 0.000 0.000 0.000 0.000     0.043 0.008 0.001 0.011
0.001 0.000 0.002 0.002 0.001
4 0.000 0.000 0.000 1.000 1.000 1.000 0.000 0.000 0.000 0.000 0.000
0.000 1.000 1.000 1.000 0.000 0.000 0.000     0.000 0.000 0.000 0.755
0.992 0.735 0.000 0.243 0.002
```

■ 実行例 5.4 （つづき）

```
5 1.000 1.000 1.000 0.000 0.000 0.000 0.000 0.000 0.000 1.000 1.000
1.000 0.000 0.000 0.000 0.000 0.000 0.000     0.999 0.984 0.993 0.000
0.000 0.000 0.014 0.000 0.003


C:¥Users¥odaka¥dl¥ch5>
```

■実行例 5.4 （つづき）

　実行例5.4の結果のうち、学習後の自己符号化器の出力結果を、表形式にまとめて**図5.15**に示します。図5.15では、9個の入出力データを3×3の表形式にまとめて示しています。図にあるように、入力と出力がほぼ等しくなるという自己符号化器としての挙動が、ae.cプログラムによって獲得されていることが確認できます。

教師データ

0	0	1
0	0	1
0	0	1

自己符号化器の出力

0.000	0.014	1.000
0.000	0.000	0.990
0.000	0.000	0.991

（1）学習データ0番

教師データ

1	0	0
1	0	0
1	0	0

自己符号化器の出力

0.988	0.014	0.000
0.996	0.006	0.000
0.985	0.004	0.000

（2）学習データ3番

教師データ

0	0	0
1	1	1
0	0	0

自己符号化器の出力

0.000	0.000	0.000
0.755	0.992	0.735
0.000	0.243	0.002

（3）学習データ5番

■図5.15　ae.cプログラムの学習結果（一部）

Appendix

付録

A 荷物の重量と価値を生成するプログラム

kpdatagen.c

B ナップサック問題を全数探索で解くプログラム

direct.c

付録

A 荷物の重量と価値を生成するプログラム kpdatagen.c

3.2節で扱った例題に関連して、荷物の重量と価値を生成するプログラムkpdatagen.cのソースプログラムを**リストA**に示します。

```
1:/***********************************/
2:/*           kpdatagen.c           */
3:/*  ナップサック問題のデータ生成機  */
4:/*  荷物の重さと価値を乱数で生成します  */
5:/*  使い方                          */
6:/*  C:\Users\odaka\dl\ch3\kpdatagen>data.txt */
7:/***********************************/
8:
9:/* Visual Studioとの互換性確保 */
10:#define _CRT_SECURE_NO_WARNINGS
11:
12:/* ヘッダファイルのインクルード */
13:#include <stdio.h>
14:#include <stdlib.h>
15:
16:/* 記号定数の定義 */
17:#define MAXVALUE 100  /* 重さと価値の最大値 */
18:#define N 30          /* 荷物の個数 */
19:#define SEED 32768    /* 乱数のシード */
20:
21:/* 関数のプロトタイプの宣言 */
22:int randdata(); /* MAXVALUE以下の整数を返す乱数関数 */
23:
24:/****************/
25:/*  main()関数   */
26:/****************/
27:int main()
28:{
29:  int i;
30:
31:  srand(SEED);
32:  for (i = 0; i < N; ++i)
33:    printf("%ld %ld\n", randdata(), randdata());
```

■リストA　kpdatagen.c プログラム

```
34:    return 0;
35:}
36:
37:/*****************************************/
38:/*        randdata()関数                  */
39:/*  MAXVALUE以下の整数を返す乱数関数       */
40:/*****************************************/
41:int randdata()
42:{
43:    int rnd;
44:
45:    /* 乱数の最大値を除く */
46:    while ((rnd = rand()) == RAND_MAX);
47:    /* 乱数の計算 */
48:    return (int)((double)rnd / RAND_MAX * MAXVALUE + 1);
49:}
```

■リストA　（つづき）

B　ナップサック問題を全数探索で解くプログラム　direct.c

3.2節で扱った例題に関連して、ナップサック問題を全数探索で解くプログラムdirect.cのソースプログラムを**リストB**に示します。

```
1:/*********************************************/
2:/*              direct.c                     */
3:/*  全探索でナップサック問題を解く            */
4:/*  使い方                                    */
5:/*  C:\Users\odaka\dl\ch3>direct<data.txt    */
6:/*********************************************/
7:
8:/* Visual Studioとの互換性確保 */
9:#define _CRT_SECURE_NO_WARNINGS
10:
11:/* ヘッダファイルのインクルード */
12:#include <stdio.h>
13:#include <stdlib.h>
14:
```

■リストB　direct.cプログラム

付録

```
15:/* 記号定数の定義 */
16:#define MAXVALUE 100  /* 重さと価値の最大値 */
17:#define N 30          /* 荷物の個数 */
18:#define WEIGHTLIMIT (N * MAXVALUE / 4)
19:                      /* 重量制限 */
20:#define SEED 32768    /* 乱数のシード */
21:
22:/* 関数のプロトタイプの宣言 */
23:void initparcel(int parcel[N][2]);   /* 荷物の初期化 */
24:void prints(int solution);           /* 解候補の出力 */
25:int solve(int parcel[N][2]);         /* 探索の本体 */
26:int pow2n(int n);                    /* 2のべき乗 */
27:int calcval(int parcel[N][2], int i); /* 評価値の計算 */
28:
29:/****************/
30:/*   main()関数   */
31:/****************/
32:int main()
33:{
34:   int parcel[N][2];     /* 荷物 */
35:   int solution = 0xffff; /* 解 */
36:
37:   /* 荷物の初期化 */
38:   initparcel(parcel);
39:   /* 探索の本体 */
40:   solution = solve(parcel);
41:   /* 解の出力 */
42:   prints(solution);
43:   return 0;
44:}
45:
46:/****************************/
47:/*      solve()関数          */
48:/*      探索の本体           */
49:/****************************/
50:int solve(int parcel[N][2])
51:{
52:   int i;           /* 繰り返しの制御 */
53:   int limit;       /* 探索の上限 */
```

■リストB (つづき)

```
54:    int maxvalue = 0; /* 評価値の最大値 */
55:    int value;         /* 評価値 */
56:    int solution;      /* 解候補 */
57:
58:    /* 探索範囲の設定 */
59:    limit = pow2n(N);
60:    /* 解の探索 */
61:    for (i = 0; i < limit; ++i) {
62:      /* 評価値の計算 */
63:      value = calcval(parcel, i);
64:      /* 最大値の更新 */
65:      if (value > maxvalue) {
66:        maxvalue = value;
67:        solution = i;
68:        printf("*** maxvalue %d\n", maxvalue);
69:      }
70:    }
71:    return solution;
72:}
73:
74:/***************************/
75:/*      calcval()関数       */
76:/*      評価値の計算         */
77:/***************************/
78:int calcval(int parcel[N][2], int i)
79:{
80:    int pos;           /* 遺伝子座の指定 */
81:    int value = 0;     /* 評価値 */
82:    int weight = 0;    /* 重量 */
83:
84:    /* 各遺伝子座を調べて重量と評価値を計算 */
85:    for (pos = 0; pos < N; ++pos) {
86:      weight += parcel[pos][0] * ((i >> pos) & 0x1);
87:      value += parcel[pos][1] * ((i >> pos) & 0x1);
88:    }
89:    /* 致死遺伝子の処理 */
90:    if (weight >= WEIGHTLIMIT) value = 0;
91:    return value;
92:}
```

■リストB（つづき）

```
 93:
 94:/***************************/
 95:/*       pow2n()関数         */
 96:/*       2のべき乗           */
 97:/***************************/
 98:int pow2n(int n)
 99:{
100:   int pow = 1;
101:   for(; n > 0; --n)
102:      pow *= 2;
103:   return pow;
104:}
105:
106:/***************************/
107:/*       prints()関数        */
108:/*       解候補の出力        */
109:/***************************/
110:void prints(int solution)
111:{
112:   int i;
113:   for (i = 0; i < N; ++i)
114:      printf("%1d ", (solution >> i) & 0x1);
115:   printf("\n");
116:}
117:
118:/***************************/
119:/*       initparcel()関数    */
120:/*       荷物の初期化        */
121:/***************************/
122:void initparcel(int parcel [N][2])
123:{
124:   int i = 0;
125:   while ((i < N) &&
126:          (scanf("%d %d", &parcel[i][0], &parcel[i][1]) != EOF)) {
127:      ++i;
128:   }
129:}
```

■リストB（つづき）

参考文献

本書で扱った内容をより深く学ぶため、文献を以下に示します。

1. 深層学習全般について

[1] 人工知能学会（監修）、神嶌 敏弘（編）、深層学習、近代科学社、2015.

[2] 伊庭 斉志、進化計算と深層学習―創発する知能―、オーム社、2015.

[3] 岡谷 貴之、深層学習、講談社、2015.

2. 深層学習の研究論文

①DQNに関する論文

[1] Volodymyr Mnih, Human-level control through deep reinforcement learning, Nature,Vol.518, pp.529-533, 2015.

②CNNによる画像認識を扱った論文

[2] Karen Simonyan and Andrew Zisserman, VERY DEEP CONVOLUTIONAL NETWORKS FOR LARGE-SCALE IMAGE RECOGNITION,ICLR 2015, 2015.

③音声認識に深層学習を用いた初期の研究

[3] Frank Seide, Gang Li, Dong Yu., Conversational Speech Transcription Using Context-Dependent Deep Neural Networks, INTERSPEECH 2011, pp.437-440, 2011.

3. 機械学習の歴史について

①いわゆるチューリングテストと機械学習のアイデアに関する論文

[1] A.M Turing, COMPUTING MACHINERY AND INTELLIGENCE, MIND, Vol. LIX , No. 236, 1950.

②下記URLで参照することができる、ダートマス会議の企画書。

http://www-formal.stanford.edu/jmc/history/dartmouth/dartmouth.html

[2] J. McCarthy, M. L. Minsky, C.E. Shannon., A PROPOSAL FOR THE DARTMOUTH SUMMER RESEARCH PROJECT ON ARTIFICIAL INTELLIGENCE, 1955.

③パーセプトロンの数理的性質を示した書籍

[3] ミンスキー、パパート（著）、中野 馨、阪口 豊（訳）、パーセプトロン、パーソナルメディア、1993.

④現在、畳み込みニューラルネットとして知られている形式のニューラルネットの原型となる、ネオコグニトロンに関する論文

[4] 福島 邦彦、位置ずれに影響されないパターン認識機構の神経回路モデル—ネオコグニトロン—、電子情報通信学会論文誌 A、Vol.J62-A、No.10、pp.658-665、1979.

索引

A

A.L.Samuel 20
A.M.Turing 17
AFSA 24
AI 19
AND論理素子 119
ANN 12
ARCH 21
Artificial Fish Swarm Optimization 24
Artificial Intelligence 19
Artificial Neural Network 12
artificial neuron 12, 116

B

Back propagation 27
big data 11

C

C.E.Shannon 19
chromosome 21, 94
convolutional layer 164
crossover 21, 95

D

deductive learning 36
deep learning 2
Deep Q-Network 2
DQN 2

E

EOR（排他的論理和）素子 121
evolutionary computation 12

F

feed forward network 121
flip bit 95

G

GA 22, 94
General Purpose computing on GPU 160
generalization 10
generate and test 40
Genetic Algorithm 22, 94
geno type 94
GPGPU 160
GPU 160
Graphics Processing Unit 160

I

inductive learning 36

J

J.H.Holland 22
J.McCarthy 19

L

layered network 121

M

M.L.Minsky 19
max pooling 171
mutation 21

N

negative example 41
Neocognitron 27
neural network 12, 116
neuron 116

O

one point crossover 95
OR論理素子 119
output function 116

P

P.Winston 21
particle 76
Particle Swarm Optimization 23
perceptron 26, 139
pheno type 94
pheromone 78
policy 57
pooling layer 164
positive example 41
PSO 23

Q

Q-learning 56
Q-value 56

Q学習 56
Q値 56

R

recurrent network 124
Reinforcement learning 25, 52
reward 54
roulette wheel selection 96

S

SI 23
sigmoid function 117
step function 117
Supervised learning 6
Swarm Intelligence 23

T

test dataset 6
training dataset 6
transfer function 116
Turing Machine 17
two point crossover 95

U

uniform crossover 95

W

W.Pits 26
W.S.McCulloch 26
weight 116

索引

あ
アーサー・サミュエル 20
アラン・チューリング 17
蟻コロニー最適化法 24, 78

い
囲碁 21
一様交叉 95
一点交叉 95
遺伝子型 94
遺伝的アルゴリズム 22, 94
ε-greedy 62
ε-グリーディ法 62

う
ウォーレン・マカロック 26
ウォルター・ピッツ 26

え
演繹的学習 36

お
応答層 139
重み 116
音声認識 6

か
階層型ネットワーク 121
学習 7
学習データセット 6
画像認識 4

き
機械学習 8
帰納的学習 36
強化学習 16, 25, 52
教師あり学習 6, 15, 53
教師なし学習 15

く
クロード・シャノン 19
群知能 23

け
検査データセット 6

こ
交叉 21, 95
誤差の消失問題 163

さ
最大値プーリング 171

し
しきい値 116
シグモイド関数 117
刺激層 139
自己符号化器 164
出力関数 116
出力値 139
将棋 21
ジョン・マッカーシー 19
進化的計算 12
神経細胞 116

219

人工知能 19
人工ニューラルネットワーク 12
人工ニューロン 12, 116
深層学習 2, 27

す
ステップ関数 117

せ
政策 57
生成と検査 40
正例 41
染色体 21, 94

た
ダートマス会議 19
多数決論理 153
畳み込み層 164
畳み込みニューラルネット 164

ち
チェス 20
チェッカー 20
中間層 139
チューリングテスト 18
チューリングマシン 17

て
ディープ・ラーニング 2
テキストマイニング 11
テストデータセット 6
伝達関数 116

と
突然変異 21, 95
トレーニングデータセット 6

な
ナップサック問題 97

に
2点交叉 95
ニューラルネット 12, 116
入力層 139
ニューロセル 12, 116
ニューロ素子 12, 116

ね
ネオコグニトロン 27

は
パーセプトロン 26, 139
バックプロパゲーション 27, 142
パトリック・ウィンストン 21
汎化 10
反転 95

ひ
ビッグデータ 11
表現型 94

ふ
フィードフォワード型ネットワーク 121
プーリング層 164
フェロモン 78

福島邦彦 27
負例 41

ほ
報酬 54
ホランド 22

ま
マーヴィン・ミンスキー 19

り
リカレントネットワーク 124
粒子 76
粒子群最適化法 23, 76

る
ルーレット選択 96

れ
連想層 139

わ
ワイルドカード 39

〈著者略歴〉

小高 知宏 （おだか　ともひろ）

1983 年　早稲田大学理工学部卒業
1990 年　早稲田大学大学院理工学研究科後期課程修了、工学博士
同　年　九州大学医学部附属病院助手
1993 年　福井大学工学部情報工学科助教授
1999 年　福井大学工学部知能システム工学科助教授
2004 年　福井大学大学院工学研究科教授
現在に至る

〈主な著書〉

『計算機システム』森北出版（1999）
『基礎からわかる TCP/IP Java ネットワークプログラミング　第 2 版』オーム社（2002）
『TCP/IP で学ぶ　コンピュータネットワークの基礎』森北出版（2003）
『TCP/IP で学ぶ　ネットワークシステム』森北出版（2006）
『はじめての AI プログラミング―C 言語で作る人工知能と人工無能―』オーム社（2006）
『はじめての機械学習』オーム社（2011）
『AI による大規模データ処理入門』オーム社（2013）
『人工知能入門』共立出版（2015）
『コンピュータ科学とプログラミング入門』近代科学社（2015）

- 本書の内容に関する質問は，オーム社書籍編集局「（書名を明記）」係宛に，書状または FAX（03-3293-2824）、E-mail（shoseki@ohmsha.co.jp）にてお願いします。お受けできる質問は本書で紹介した内容に限らせていただきます。なお、電話での質問にはお答えできませんので、あらかじめご了承ください。
- 万一、落丁・乱丁の場合は、送料当社負担でお取替えいたします。当社販売課宛にお送りください。
- 本書の一部の複写複製を希望される場合は、本書扉裏を参照してください。

JCOPY <（社）出版者著作権管理機構委託出版物>

機械学習と深層学習
―C 言語によるシミュレーション―

平成 28 年　 5 月 25 日　　第 1 版第 1 刷発行
平成 28 年 10 月 25 日　　第 1 版第 6 刷発行

著　者　　小高知宏
発行者　　村上和夫
発行所　　株式会社　オーム社
　　　　　郵便番号　101-8460
　　　　　東京都千代田区神田錦町 3-1
　　　　　電話　03（3233）0641（代表）
　　　　　URL　http://www.ohmsha.co.jp/

© 小高知宏 2016

組版　トップスタジオ　　印刷・製本　千修
ISBN978-4-274-21887-3　Printed in Japan

関連書籍のご案内

- 小高 知宏 著
- A5判・264頁
- 定価(本体2,800円+税)

- 小高 知宏 著
- A5判・248頁
- 定価(本体2,600円+税)

- 小高 知宏 著
- A5判・238頁
- 定価(本体2,400円+税)

機械学習を
はじめよう！

- 伊庭 斉志 著
- A5判・272頁
- 定価(本体3,200円+税)

- 伊庭 斉志 著
- A5判・192頁
- 定価(本体2,700円+税)

- 伊庭 斉志 著
- A5判・264頁
- 定価(本体2,800円+税)

もっと詳しい情報をお届けできます。
※書店に商品がない場合または直接ご注文の場合は右記列にご連絡ください。

ホームページ　http://www.ohmsha.co.jp/
TEL／FAX　TEL.03-3233-0643　FAX.03-3233-3440

(定価は変更される場合があります)